U0267034

李 毓 佩 数 学 科 普 文 集

Collections of Li YuPei's Works on Popular Science in the Field of Mathematics

李毓佩●著

数学西游记

长江出版传媒 Changjiang Publishing & Media
湖北科学技术出版社 HUBEI SCIENCE & TECHNOLOGY PRESS

图书在版编目（CIP）数据

数学西游记 / 李毓佩著. -- 武汉：湖北科学技术出版社，2019.1（2019.11 重印）
（李毓佩数学科普文集）
ISBN 978-7-5706-0385-5

Ⅰ. ①数… Ⅱ. ①李… Ⅲ. ①数学－青少年读物 Ⅳ. ①O1-49

中国版本图书馆CIP数据核字(2018)第143546号

数学西游记
SHUXUE XIYOUJI

执行策划：彭永东　罗　萍　　内文插画：米　艺
责任编辑：彭永东　王　璐　　封面设计：喻　杨

出版发行：湖北科学技术出版社　　电话：027－87679468
地　　址：武汉市雄楚大街268号　　邮编：430070
（湖北出版文化城B座12－14层）
网　　址：http://www.hbstp.com.cn

印　　刷：武汉市金港彩印有限公司　　邮编：430023

710×1000　1/16　　12 印张　　4 插页　　150 千字
2019 年 1 月第 1 版　　2019 年 11 月第 2 次印刷
定价：42.00 元

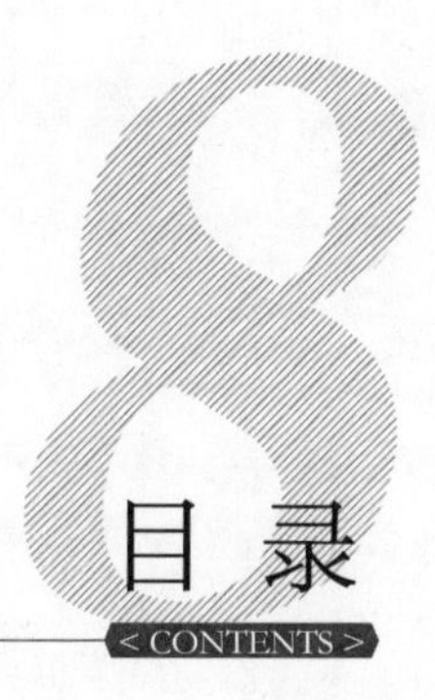

目录

< CONTENTS >

1．哪吒大战红孩儿…… 001

2．数学猴和猪八戒…… 053

3．数学猴和孙悟空…… 085

4．数学猴和沙和尚…… 119

5．海龙王请客…… 151

6．猪八戒新传…… 171

1.哪吒大战红孩儿

哪吒出征

一日，托塔天王李靖正在操练天兵天将，忽然探子来报，说在枯松涧火云洞住着一伙妖精，专干坏事，残害百姓。

李天王听罢大怒：“岂有此理！朗朗乾坤，怎能容妖怪横行！来人，我要出兵讨伐妖孽，何人愿做先锋官？”

李天王话音未落，下面同时站出三员大将，三人同时抱拳说：“儿愿打头阵！”天王定睛一看，原来是自己的三个儿子：金吒、木吒和哪吒。

见三个儿子争当先锋官，李天王甚感为难。他稍一迟疑，只听下面又“呼啦啦”站出多人请战：“我愿做先锋官！我愿做先锋官！”天王一看，原来是巨灵神、大力金刚、鱼肚将、药叉将等众天将。

李天王摇摇头说：“这可怎么办，这可怎么办！先锋官只要一个，你们都想当，我如何定夺？”

话音刚落，只见巨灵神站出来说：“我有个主意，大家来比比个子高矮，身材高自然力不亏，选个高的当先锋官是最佳选择。”

1×2=2
1×2×3=6
…
1×2×3×…×6
=720

没想到大力金刚第一个不乐意，他说："比身高不如直接比力气，力气大者，当！"

"那不行，你是大力金刚，那当然是你力气大了！"众多天将一致反对。大家你一言我一语，有的说应该这么比，有的说应该那么比，一时间操练场上闹哄哄的。

"诸位安静。"这时一声清脆的童音响起，大家看去，出来说话的是李天王的三太子哪吒。哪吒笑嘻嘻地说："我刚才数了一下，出来争当先锋官的一共有 31 人。我建议这 31 人排成一横排，排的时候自己找位置站好。"

巨灵神问："三太子，你这是玩的什么把戏？"

哪吒调皮地眨眨眼睛，说："31 人站好之后，从左到右 1，2，3 报数；凡是报 3 的留下来，其他的淘汰。留下的人再 1，2，3 报数，把报 3 的留下来，其余的淘汰。这样报下去，最后剩下的一个，就是先锋官。"

李天王也没有别的好办法，闻此言点点头说："好！就这么办！"

众天将都飞快地转动着脑筋，琢磨自己应该站到哪个位置上。巨灵神抢到了第 3 号位置，他乐呵呵地说："我报 3，我不会被淘汰。"

金吒飞快地跑到第 6 号位置，木吒想了想站到了第 9 号位置。而哪吒呢，他毫不迟疑地站到了第 27 号位置。

报数开始，第一轮过后，剩下了 10 个人，巨灵神、金吒、木吒、哪吒都留下了。此时巨灵神变成了 1 号位置，金吒变成了 2 号位置，木吒变成 3 号，而哪吒变成了 9 号。

巨灵神一开始还洋洋得意，后来一看自己变成了 1 号，顿时垂头丧气起来。

第二轮报数过后，剩下了 3 个人。巨灵神和金吒被淘汰，木吒变成了 1 号，哪吒变成为 3 号。第三轮过后，只剩下了哪吒一人。哪吒如愿拿到了先锋官的令旗。

一旁的木吒很纳闷，他小声问哪吒："你选择27号，为什么就会留到最后？"

哪吒神秘地一笑，耳语道："从1到31，因数只含3的数有3个，即3，$9=3\times3$，$27=3\times3\times3$。而每次报数等于用3去除这个数，留下能整除的。27含有3个3，用3除它3次，它还得1哪！"

哪吒令旗一挥："发兵火云洞！"

不和傻子斗

话说哪吒脚踏风火轮，肩头斜背乾坤圈，带着众天兵天将直奔枯松涧火云洞而来。来到洞口，只见大门紧闭，门上贴有一张告示，上面写着：

哪吒小子听着：

我圣婴大王从不和傻子斗。要想和我过招，先要回答下面的问题，看看你是不是傻子。若不傻，再和我交手。

在4个6之间添加适当的数学符号，使它们的结果分别等于1，2，3，4，5，6，7，8：

6　6　6　6=1，　　6　6　6　6=2；

6　6　6　6=3，　　6　6　6　6=4；

6　6　6　6=5，　　6　6　6　6=6；

6　6　6　6=7，　　6　6　6　6=8。

圣婴大王　红孩儿

哪吒看完告示，气得七窍生烟，哇哇乱叫。他摘下乾坤圈就要向洞门砸去，二哥木吒赶忙拦住他。

木吒说："三弟息怒！傻子斗气，聪明人斗智。前些年我和红孩儿打过交道，他聪明过人，不可小看。另外，他出如此简单的题目，不妨给他做出来，以显我天兵天将的大度。"

"也好！"哪吒说罢略思索后，很快就给 8 个算式添上了数学符号：

$66\div66=1$，　　$6\div6+6\div6=2$；

$(6+6+6)\div6=3$，　　$6-(6+6)\div6=4$；

$66\div6-6=5$，　　$6+(6-6)\times6=6$；

$(6+6\times6)\div6=7$，　　$6+(6+6)\div6=8$。

哪吒刚刚填完，只听"轰隆隆"一阵巨响，火云洞洞门大开，从洞里蹿出 6 个怪物。他们是红孩儿的六大干将，分别叫作云里雾、雾里云、急如火、快如风、兴烘掀、掀烘兴。他们一个个龇牙咧嘴，嘴里不停地说着："哇！又来送好吃的了。"

六干将分左右刚刚站好，红孩儿带着一阵狂风从洞里冲了出来。只见他上身赤裸，腰间束一条锦绣战裙，光着双脚，手中拿着一杆一丈八尺长的火尖枪。

红孩儿脑袋一晃，喝道："什么人来送死？"

哪吒一指红孩儿："大胆妖孽，竟敢无视天庭，独霸一方，鱼肉百姓！今日天兵天将到此，还不快快跪倒投降！"

红孩儿"嘿嘿"一阵冷笑："口气倒不小，要想让我投降，先问问我手中的火尖枪答不答应！看枪！"声到枪到。

哪吒手也不含糊，大喝一声，手舞乾坤圈和红孩儿交战到了一起。只见红孩儿把一杆火尖枪使得密不透风，哪吒抡起乾坤圈是圈套圈连成一体，不见哪吒身影。好一场大战，两人从日出一直战到日落，硬是不分高下，把一旁观战的天兵天将和小妖们看傻了眼。

红孩儿见一时半会儿赢不了，便虚晃一枪，说："今日天色已晚，且留你多活一夜，明日再和你大战 300 回合！"说完摸头回洞，"咣当"一声，洞门关闭。

哪吒一看，气得大叫："你这小屁孩，别当缩头乌龟呀！"哪吒忘了，他自己也是"小屁孩"。哪吒抡起乾坤圈就往洞门砸去，可无论他们怎么叫阵，红孩儿就是不出来。哪吒只好悻悻然回大营，边走边想：也罢，待我休整一晚，明天再收拾他。

三头六臂

第二天一早，哪吒就领着天兵天将来到火云洞前叫阵："小小红孩儿，你这缩头乌龟，快快出来受死！"

"哗啦"一声，洞门大开，红孩儿带着六干将和众小妖杀了出来。

哪吒和红孩儿见面分外眼红，两人也不搭话，各挺兵器杀在了一起。你来我往，杀了足足有一个时辰仍不见高下。

突然，哪吒大喊一声："变！"只见他身子一晃立刻变成了三头六臂。红孩儿一见，倒抽一口凉气。原来哪吒的 6 只手分别拿着 6 件兵器，它们是斩妖剑、砍妖刀、缚妖索、降妖杵、绣球儿、火轮儿。

哪吒叫道："接着！"6 件兵器一齐向红孩儿打去。红孩儿立刻慌了手脚，他的火尖枪顾得东顾不了西，顾了上顾不了下，忙乱之中红孩儿的后背被降妖杵狠狠地打了一下。

"哇呀呀！"红孩儿痛得大叫一声，跳出了圈外。红孩儿把手一挥："小的们，上！"只见云里雾、雾里云、急如火、快如风、兴烘掀、掀烘兴六干将一齐冲了上去。他们每人对付哪吒的一件兵器，这样，哪吒以一对六，"叮叮当当"地战在了一起。

激战中，哪吒喊了一声："变！"只见哪吒 6 只手拿的兵器换了一个次序，云里雾本来是对付斩妖剑的，瞬间却变成了砍妖刀。云里雾哇哇叫道："糟糕！对付剑的招数和对付刀的招数不一样啊！"话音未落，云里雾的大腿被砍妖刀砍了一刀。那边厢，急如火的胳膊被斩妖剑刺中了一剑。

没等这六干将回过神来，哪吒又喊了一声："变！"哪吒6只手拿的兵器又换了一个次序，云里雾对付的砍妖刀又变成要缚妖索。六干将手忙脚乱，乱作一团。没战多大一会儿，云里雾就被缚妖索捆了个结结实实。

就这样没变几次，六干将伤的伤，被捉的被捉。红孩儿见状大惊。

红孩儿问哪吒："你那6只手拿的兵器，一共有多少种不同的拿法？"

哪吒"嘿嘿"一笑，神气地说："我说出来你可别害怕，一共有720种不同的拿法！"

"有这么多？"红孩儿不信。

"不信？好吧，今天你爷爷就给你算算，也让你长长见识。"哪吒说，"2只手拿2件兵器，可以有2种不同的拿法，也就是$1\times2=2$(种)；3只手拿3件兵器，有$1\times2\times3=6$(种)不同的拿法；4只手拿4件兵器，有$1\times2\times3\times4=24$(种)不同的拿法；6只手拿6件兵器，就有$1\times2\times3\times4\times5\times6=720$(种)不同的拿法。"

"呀，厉害！"红孩儿倒吸了一口凉气，心想：看来这小子有点招，我得回家想想对策去。于是他一溜小跑跑回了火云洞，边跑边说："你有你的绝招，我有我的绝活儿，今天就斗到这儿，明天再斗！"

哪吒大获全胜，押着俘获的云里雾返回了大营。

厉害的火车子

一大早，休整完毕的哪吒就来到火云洞前叫阵。来到洞口，哪吒一看，奇了怪了，洞前有了变化。也不知道红孩儿玩的什么把戏，他在洞前画了一个环形的大圈，边上写了许多0和1（图1–1）；环中间放着5

辆车子，车上盖着布，布下不知藏了些什么东西。

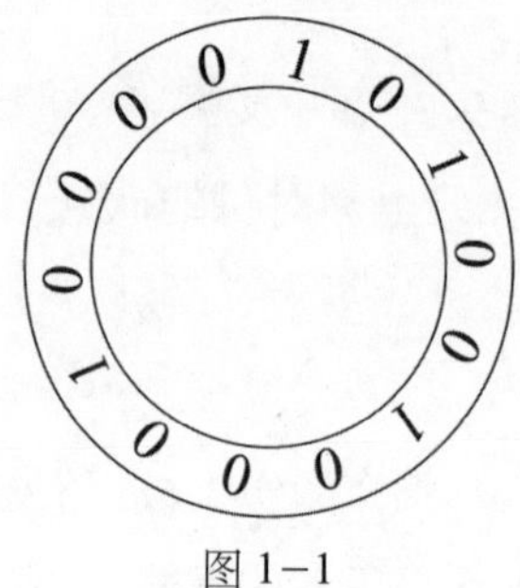

图 1-1

哪吒正纳闷，一声炮响，洞门大开，红孩儿领着一群小妖冲了出来。

哪吒一指红孩儿：“小小红孩儿，昨日你已战败，今日快快投降，我可免你一死！”

红孩儿“嘿嘿”一阵冷笑：“你省省吧，咱俩的比试才刚刚开始，哪儿谈得上投降啊？接招儿吧！”说完他一只手捏着拳头，照着自己的鼻子狠狠捶了两拳，滴出几滴鼻血。红孩儿把鼻血往脸上一抹，抹了个大红脸。

只听红孩儿大声念了两遍咒语：“10100100010000，10100100010000。”然后突然把嘴一张，从口中喷出火来。接着他又把火尖枪向上一指，环中停着的 5 辆车子全部燃起了熊熊烈火；他再把火尖枪向前一指，烈火直奔哪吒烧来。

哪吒见状大惊，口念避火诀，朝红孩儿冲杀过去。没到跟前，红孩儿又猛地喷了几口大火，烧得哪吒睁不开眼，败下阵来。

好一股大火，把半边天都烧红了！天兵天将们躲避不及，慌作一团。大火越烧越烈，天兵天将的眉毛胡子着了，衣服也着了，烧得他们“妈呀！妈呀！”地乱叫，一个个屁滚尿流。

哪吒见势不好，连忙叫道：“兄弟们，火势太猛，先撤回大营！”说完脚下一使劲，踏着风火轮一溜烟跑回大营。只听后面红孩儿哈哈大笑：

“哪吒，有本事的别跑呀！”

回到大营，哪吒召集众将商量对策。巨灵神、大力金刚等天兵天将一个个烧得焦头烂额，垂头丧气。哪吒问大家有何破敌之计。

木吒说：“红孩儿使的是火车子，就是不知道他念的咒语10100100010000是什么意思，无法破它。”

怎么才能知道这咒语的含义呢？哪吒忽生一计，他令天兵把俘虏的云里雾押来——云里雾是红孩儿六干将之一，应该知道点什么。可是云里雾说他也不知道咒语的含义。

哪吒托腮沉思良久，忽然起身走到云里雾跟前，绕云里雾转了一圈。怪事出现了，大家面前出现了两个长得一模一样的云里雾。其中一个云里雾朝大家招招手：“我回火云洞了，再见！”天兵刚想阻拦，木吒笑着摆摆手，说：“随他去吧！”

智破火车子

“云里雾”回到火云洞，红孩儿见爱将回来心里十分惊喜，问他是怎么跑回来的。“云里雾”胡编了几句，乱吹了一通。红孩儿信以为真，令小妖摆宴席，给云里雾接风压惊。

酒过三巡，菜过五味，红孩儿得意地问：“‘云里雾’，那些天兵天将被我的火车子烧得怎么样啊？”

“惨不忍睹！”“云里雾”谄媚地说，“大王的火车子果然十分厉害，那巨灵神被烧成了一个大秃子，大力金刚的脸都烧黑了。”

“哈哈！”红孩儿大笑，一扬脖把一大杯酒喝了下去，“痛快，痛快！让他们尝尝我火车子的厉害！”

红孩儿吃了一口菜又问：“他们下一步打算怎么办？”

“还能怎么办？”云里雾说，“小的听几个看押我的天兵天将嘀咕，说哪吒弄不清楚您念的咒语‘10100100010000’是什么意思，正准备撤兵哪！”

红孩儿十分得意：“我以为哪吒有多聪明，谁知连个咒语都弄不清楚，真是个傻瓜蛋！”

“云里雾”见红孩儿醉意甚浓，眼珠转了转，忙把身子往前凑了凑，问：“大王真是高明。不过，小的好奇，我跟了您这么多年，都不知道这咒语的含义，不知……”

红孩儿正喝得兴头上，也没多加提防，说：“告诉你也无妨。5 辆火车子放在一个环形的大圈里面，环的边上写着 4 个 1 和 10 个 0，共 14 个数字。如果我连续读数是这 14 个数字组成的最大数，大火就向外烧——10100100010000 就是最大数。”

云里雾问：“如果连续读数是这 14 个数字组成的最小数呢？”

红孩儿脸色突变：“那可就坏了，大火就反向往内烧了！”

“哦——是这么回事。”“云里雾”点点头，心里窃喜。过了一会，“云里雾”瞅准时机，冲红孩儿一抱拳：“大王，我去方便方便。”

没想到，“云里雾”出了大厅后并没有回来，而是偷偷溜出了火云洞。出洞后他把脸一抹，现出了本相，原来这个“云里雾”是哪吒变的。哪吒踏着风火轮朝大营方向赶，边走边想：好小子，看爷爷待会儿怎么收拾你！回到大营，哪吒把咒语的秘密告诉了众天将。

众天将面面相觑，大力金刚摇摇头：“谁能知道最小数是多少哪？”

“这个容易。”哪吒说，“要想让这个数大，你就尽量让 1 在高位上，也就是让 1 尽量靠左。反过来，要想让这个数小，你就尽量让 1 在低位上，也就是让 1 尽量靠右。不过要注意，一个多位数的首数不能是 0。”

还是木吒反应快，马上接着说：“最小数应该是 10000100010010。”

稍事休息后，哪吒带兵来到火云洞，高声叫阵。红孩儿正躺在床上睡大觉呢，听到小妖来报，心里直纳闷：咦，他们不是要撤兵嘛，怎么又来叫阵了？

红孩儿不敢怠慢，提起火尖枪出了洞门。见着哪吒，红孩儿高声叫骂："好你个哪吒，胆子倒不小。看来那天还没把你们烧透，我来接着烧！"他捶破了鼻子，抹完了红脸，刚想念咒语，谁知哪吒却抢先念了两遍咒语："10000100010010，10000100010010。"

只见大火猛地朝红孩儿和众小妖烧去，"哇，这火怎么造反啦！"红孩儿撒腿就往洞里逃，可是已经来不及了，他腰间束的那条锦绣战裙已被大火烧光。

天兵们开心地大叫："看哪，红孩儿光屁股喽！"

被困火云洞

红孩儿逃进火云洞，巨灵神和大力金刚人高腿长，一个箭步就追了进去。两人刚刚进洞，"咣当"一声，洞门关上了。

火云洞里面结构十分复杂，里面一共有 5 间洞室，其中有 2 间洞室有 4 扇门，另外 3 间洞室有 5 扇门（图 1−2）。巨灵神和大力金刚从一间洞室追到另一间洞室，从一扇门进去，又从另一扇门出来，也没看到红孩儿的身影。

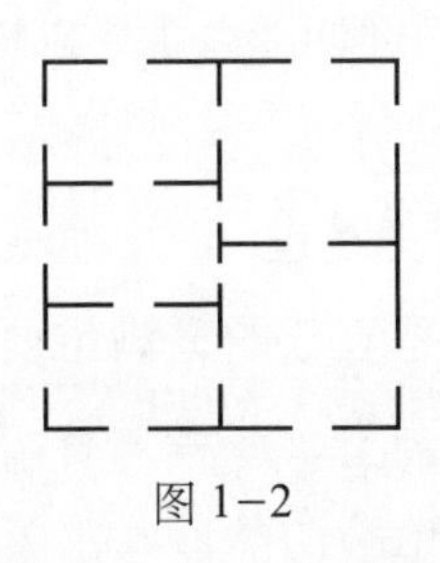

图 1−2

这红孩儿到哪里去了呢？

正当两人发愣的时候，传来红孩儿清脆的笑声：“哈哈，两个傻瓜，还想追我圣婴大王？你们进了我的火云洞，就算进了坟墓喽！”

大力金刚大怒，他吼道：“光腚的红孩儿，有能耐的站出来，咱俩一对一地较量一番，躲在暗处算什么本事！”由于声音太大，震得洞顶直往下掉土。

巨灵神也大叫道：“既然你不敢和我们打，那就让我们出去，搞阴谋诡计算什么好汉！”

红孩儿说：“想出去并不难，只要你们走遍这5间洞室，每个门都经过一次，而且只能经过一次，洞门就将大开。”

“走！咱俩按他的要求走一遍。”巨灵神和大力金刚开始走了。为了不重复，他们经过一个门就在这扇门上做记号。

走一遍不成，再走一遍，还是不成。两人在里面走了一遍又一遍，就是达不到红孩儿的要求。大力金刚累得一屁股坐在地上：“累死我了，不走了！”

一只小蚊子从洞门的缝隙飞了进来，落在巨灵神的肩上。蚊子小声地问：“出什么事了？”

巨灵神一听声音，知道蚊子是哪吒变的，就把他俩走了半天也达不到红孩儿的要求说了一遍。哪吒飞起来，把5间洞室都看了一遍。

哪吒又飞回到巨灵神的肩上，小声说：“红孩儿在骗你们哪！根本就不存在这么一条路线，不管你们怎么走，也达不到他的要求。”

“为什么？”

哪吒说：“要想每个门都经过一次，而且只经过一次，只有两种选择：或者每间洞室的门都是双数的，满足要求的走法是从其中一间洞室出来，最后再回到这间洞室；或者只有两间洞室的门是单数的，满足要求的走法是从一间有单数门的洞室出来，最后回到另一间有单数门的洞室。”

巨灵神双手一摊，问："现在有 3 间洞室的门是单数的，肯定达不到他的要求了。这该怎么办？"

哪吒想了一下。

考考牛魔王

哪吒说："大力金刚力大无穷，让他搬动山石把一间有 5 个门的洞室堵上一个门，使它变成只有 4 个门。"

"好主意！"巨灵神双手一拍，"这样就只有 2 间洞室是单数门了，可以不重复地一次走完。"

大力金刚三下两下就把一个门堵上了。两个人七绕八绕，很快就按红孩儿的要求走完了所有的门（图 1-3）。只听"咣当"一声，洞门大开，巨灵神和大力金刚马上冲出了火云洞。他俩刚刚出来，洞门又一下子关上了。

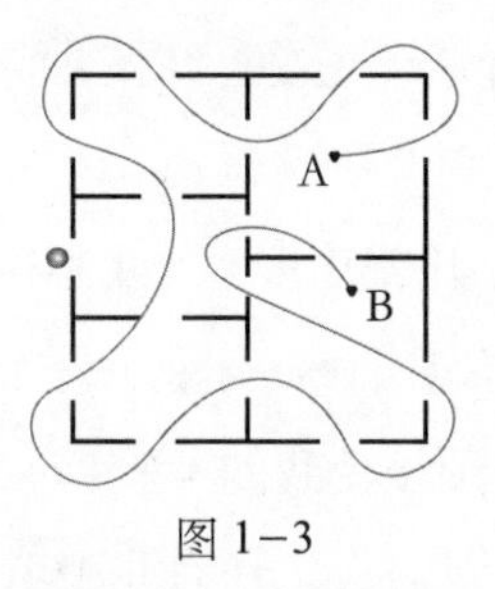

图 1-3

哪吒见巨灵神和大力金刚安全出来了，就又开始叫阵："红孩儿，快快出来投降，本先锋官可以饶你不死！"可是不管他怎样叫喊，红孩儿就是不露面。

哪吒直纳闷红孩儿打的什么主意，正想着，突然洞门开了一道小缝，一只麻雀"嗖"的一声从洞里飞了出来。哪吒眼疾手快，迅速抛出乾坤圈把麻雀套住，从麻雀的腿上解下一张纸条。纸条是红孩儿给他爸爸牛魔王的一封信，内容是自己被困火云洞，盼望牛魔王赶紧来救他。

木吒说："如果牛魔王真来救他，那可就麻烦了。牛魔王人称'平天大圣'，和齐天大圣孙悟空等六个魔头结为七兄弟，这七个魔头哪个都不是好惹的。另外牛魔王的夫人铁扇公主，法力更是了得，一把芭蕉扇神奇无比，一扇熄火，二扇生风，三扇下雨。"提到孙悟空，天兵天将个个头顶冒冷汗。

哪吒眼珠一转，突然仰面大笑："哈哈，红孩儿现在急盼救兵，我们何不将计就计。我变成牛魔王，骗他打开洞门；咱们趁势杀进去，一举将他擒获！"

众天兵天将都说是个好主意，只有木吒沉思不语。

第二天，哪吒变的牛魔王，带着一队小妖来到火云洞。只见"牛魔王"头戴熟铁盔，身穿黄金甲，脚穿麂皮靴，手提一根混铁棍，胯下骑着一头辟水金睛兽，神气得很。

"牛魔王"对洞门大喊："孩儿开门，为父来了！"

"吱"的一声，洞门开了一道缝，红孩儿探出脑袋向外看了看，"咚"的一声又把洞门关上。

红孩儿在里面说："哪吒变化多端，我不得不防。他前日变做我的大将云里雾，骗走了我的密码口诀。你到底是我的真父亲，还是假父亲，我不能断定，所以，你必须接受我的考验。"

"牛魔王"双眉紧皱："怎么，还有儿子考老子的？"

"不考不成啊！"说着洞门又开，从里面推出一块木板。

家族密码

红孩儿打开洞门推出的那块木板上面，有一张由许多数字构成的方格图（图 1–4），其中有两个空格没有数字。

1	5	6	30
2	3	8	12
3		7	35
4	3		9

图 1−4

红孩儿在洞里说:“如果你是真牛魔王,就能顺利地填出空格里的数字,因为那两个数字是咱们的家族密码。如果填不出来,就证明你是哪吒变的假牛魔王。”

木吒变做小妖,在一旁小声说:“红孩儿这招够绝的,这些数字之间好像没什么关系,我可填不出来。”

“填不出来也要填,不然我就不是红孩儿的真爹了。”哪吒认真观察这些数字,一边看,一边嘴里还不停地念叨,“第一行是由三个小一点的数 1、5、6 和一个大数 30 组成。它们之间肯定不会是相加的关系,应该是相乘的关系。”

木吒有了新发现:“对! $5\times6=1\times30$。”

哪吒说:“只有第一行有这个规律还不成,第二行是否也符合这个规律呢?”

“$3\times8=24$,$2\times12=24$,嘿,也对!”木吒开始兴奋,“第三行空格中的数字应该是 $35\times3\div7=15$,第四行空格中的数字应该是 $4\times9\div3=12$。”

哪吒大声说:“红孩儿,爹爹怎么会把家族密码忘了呢?一个是 15,另一个是 12 呀!”

“答对了,爹爹请进!”说着红孩儿把洞门打开。哪吒骑着辟水金睛兽刚想往洞里走,一旁的木吒拦住了他。

“慢着!”木吒说,“他爹来了,他为什么不摆队迎接?红孩儿诡计多端,咱们不得不防。我在前面领路,你们在后面慢慢走,没有我允许不得进洞。”

木吒快步走进火云洞，探头往洞里一看，回头大声叫道：“别进来，洞里有埋伏！”话音刚落，洞里的小妖一拥而上，把木吒拿下了，紧接着洞门又紧紧关闭上了。

哪吒真有点后怕，他变回原形，大声问：“红孩儿，我已经答出了你的家族密码，为什么还能识破我是假牛魔王？”

红孩儿在洞里哈哈大笑：“哪吒呀哪吒，你是聪明一世糊涂一时啊！密码应该是1512，一个数呀，怎么会是15和12两个数呢？”

“哎！怪我一时糊涂！”哪吒狠狠敲了一下自己的脑袋。

决一死战

第二天，为了救出木吒，哪吒一早就来到火云洞前叫阵。

哪吒刚刚喊道：“红孩儿听着……”突然洞门大开，数百名小妖蜂拥而出，红孩儿押着木吒走在最后。红孩儿突然尖叫一声，小妖立刻排出一个8层中空方阵（每一层边的两头都比里一层各多站一人），红孩儿和木吒站在了阵中央（图1−5）。

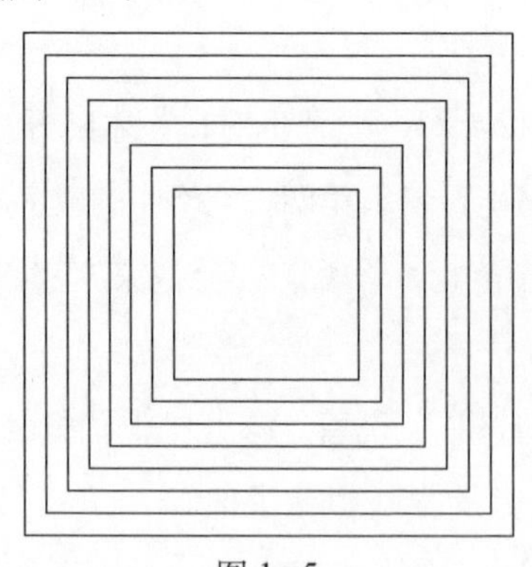

图1−5

红孩儿双眉倒竖，用火尖枪一指哪吒，说：“哪吒听着，你一再施计谋欺我，今天我要和你决一死战，拼个你死我活！”

哪吒问：“怎么个决战法？”

“我和木吒就在方阵中央，你如果能攻破我的 8 层中空阵，木吒你救走，我随你去见李天王，听候处理！”看来红孩儿真的是下狠心要和哪吒拼个你死我活了。

金吒在一旁提醒：“三弟，如果弄不清他这个 8 层中空阵有多少小妖，万万不可轻举妄动！”

哪吒想了一下，对红孩儿说：“我提一个问题，你敢回答吗？”

“嘿嘿！”红孩儿一阵冷笑，“别说提一个问题，就是提十个问题，我也照答不误。”

“好！”哪吒问，“如果要把你这个中空方阵填成实心的，不算你和木吒，还需要多少名小妖？”

红孩儿略微思考了一下，说：“原来是这么简单的问题——再补上 121 名小妖，就可以填满。”

金吒埋怨哪吒：“让你问他 8 层中空阵一共有多少名小妖，你怎么问他这个问题？”

哪吒微微一笑：“你直接问他有多少人，他会告诉你吗？方阵的小妖数是军事秘密呀！”金吒一想也是这么回事。

哪吒低声对金吒说：“中间的空当也是正方形的。这个正方形如果站满小妖，由 $121=11\times11$ 可知，每边上必然是 11 名小妖。又因为是 8 层方阵，所以最外面的大正方形，每边上的小妖数就有 $11+2\times8=27$(名)。”

“我明白了！”金吒也小声说，“实心方阵的小妖数就是 $27\times27=729$(名)，再减去中心小妖数 121 名，共有 $729-121=608$(名) 小妖。”

“才 600 多名小妖，不在话下！”哪吒命令，“大哥，你带领所有的天兵天将从南边往阵里攻，我一个人从北边攻入，让红孩儿顾得南来顾不了北，顾得头来顾不了脚！”

“得令！冲啊，杀呀！”金吒带领众天兵天将，杀声震天，直奔8层中空阵的南边杀去。

哪吒大喊一声“变”，立刻变成三头六臂，他一个人从阵北边往里冲。

小妖哪见过这种阵势，慌忙迎战。只几个回合，众小妖就死伤一大片，余下的小妖跪地求饶：“哪吒爷爷，饶命！”

一扇万里

红孩儿一看兵败如山倒，无心恋战：“三十六计走为上，逃！”就夺路而逃。

哪吒叫道：“不捉住元凶我如何交差？”

木吒大喊一声：“追！”

哪吒一踩风火轮领着木吒在后面紧紧追赶。刚追到一个三岔路口，突然铁扇公主从半路杀出。只见铁扇公主头裹团花手帕，身穿纳锦云袍，腰间双束虎筋绦，手拿两口青锋宝剑，一脸怒气地站在那里。

红孩儿看见铁扇公主，喊道：“母亲救命！”

铁扇公主双眉紧锁：“我儿不要惊慌，为娘来也！”

铁扇公主用剑指着哪吒喝问：“小哪吒，我家与你往日无冤，近日无仇，为何追杀我儿？”

哪吒回答：“红孩儿独霸一方，鱼肉乡里，我奉命征讨！”

“我儿太小不懂事，看在我铁扇公主的面子上，饶我儿一回吧！”

“军令如山，哪吒不敢违抗军令！”

铁扇公主一听，气不打一处来：“好你个小哪吒，既然你如此不讲情面，就休怪我不客气了。看剑！”话到剑到，铁扇公主一剑刺来。

“养不教，父之过。你既如此无理，那我就奉陪到底！”哪吒说罢连忙举起乾坤圈抵挡，铁扇公主和哪吒战到了一起。

两人战了有200来个回合，不分胜负。铁扇公主见一时半会取不了胜，急忙从衣服里取出一把小扇子。

木吒看在眼里，大叫："留神，铁扇公主把芭蕉扇拿出来了！"

说时迟，那时快，铁扇公主喊了一声："变！"芭蕉扇迎风一晃，立刻变得硕大无比。

木吒吃了一惊："哇！这芭蕉扇变成船帆啦！"

铁扇公主冷笑着说："你们站稳喽！"她用芭蕉扇只扇了一下，就刮起了一股强劲的阴风。"呼"的一声，哪吒和木吒一下子就被风刮得飘向了远方。

哪吒在风中大叫："木吒，好大的风啊！我被风吹走了！"

木吒在风中飘飘悠悠："我也是！三弟，我站都站不稳……"

也不知在风中飘了多久，木吒好不容易才定住神，发现前下方是一座长满椰子树的海岛。木吒忙一蹬脚，使劲抱住一棵椰子树。

木吒长吁一口气："我的天呀，想不到我木吒有天以这种方式乘风远航！"

这时的木吒已是饥肠辘辘，便敲了一个椰子充饥。吃着吃着，突然哪吒也被风刮来，落在椰子树上。

木吒惊讶地说："呀！我这个椰子还没吃完，你也被刮来了。"

哥俩儿见面分外高兴，哪吒开玩笑说："我比你重，晚来了一会儿。"

木吒摘下一个椰子递给哪吒："你先吃一个椰子，压压惊。"

哪吒接过椰子，问："咱俩被那妖风刮出了多远？"

木吒掏出电子表看了一眼："我记了一下时间，我飞到这儿用了7分30秒，你用了9分30秒。你比我多用了2分钟。"

"哇！咱俩飞行的速度够快的！"

"我比你飞得还快，我比你每秒钟快了20千米。"木吒问，"有这几个数据，能算出咱俩飞了多远吗？"

哪吒想了想："可以。设咱俩飞行的距离为S千米，你用的时间是7分30秒。7分30秒换成秒就是450秒，你的飞行速度就是$\frac{S}{450}$。我用了9分30秒，也就是570秒，我的飞行速度就是$\frac{S}{570}$。你比我每秒钟快了20千米，咱俩的速度差是$\frac{S}{450}-\frac{S}{570}=20$(千米/秒)。"

木吒催促："你快算出结果吧！"

哪吒接着往下算，他说："你看，

$$\frac{570-450}{450\times570}S=20,$$

$$\frac{120}{256500}S=20,$$

$$S=42750(\text{千米})。$$

算出来了，咱俩飞了四万两千七百五十千米。"

木吒一摸脑袋："我的妈呀！铁扇公主只扇了一下，就把咱俩扇出了4万多千米，这要是多扇几下呢？"

哪吒摇摇头："咱俩就到火星上玩去喽！"

哪吒一拉木吒："走，我带你回去，继续和铁扇公主斗！"

木吒摆摆手："不成啊！她一摇芭蕉扇，咱俩还得回来。"

"说得也是。"哪吒拍了一下脑门儿，"唉，我听父王说过，要想战胜芭蕉扇，必须找到定风丹！"

木吒说："那定风丹只有牛魔王才有，咱们找牛魔王去。"

"对，咱俩去找牛魔王！"哪吒和木吒腾空而起。

智取定风丹

说话的工夫，哪吒和木吒就来到翠云山的芭蕉洞。

木吒提醒哪吒："三弟，牛魔王知道咱们正和红孩儿打仗，咱俩就这样去要定风丹，他肯定不会给呀！”

“你说的对！直接去要，肯定不会给。”

“那怎么办？”

哪吒双手一拍：“有主意啦！我变成红孩儿，你变成红孩儿的手下干将快如风。他亲儿子要，他不会不给吧！”

“好主意！”

说变就变，木吒一个转身，说声：“变！”木吒立刻变成了快如风。那边哪吒也变成了红孩儿，然后俩人大摇大摆地朝芭蕉洞走去。

守门的小妖一看红孩儿来了，不敢怠慢，忙笑脸相迎：“圣婴大王回来了，快里面请！”

牛魔王听说红孩儿回来了，也迎了出来：“儿啊，你娘支援你去了，你怎么回来了？和哪吒打得怎么样？”

哪吒向上一抱拳：“我娘的芭蕉扇果然厉害！只一扇，就把哪吒和一半的天兵天将扇得无影无踪。”

“哈哈，让他们尝尝芭蕉扇的厉害！既然得胜，你回洞干什么？”

“虽说天兵天将被扇走了一半，可是我手下的士兵也被扇走了一半！”

“嘿嘿！”牛魔王乐得浑身的肉直哆嗦，“芭蕉扇可不认人，谁被扇了都会没影的。”

“我娘这次特派我回来取定风丹，娘说把定风丹给我的手下含在嘴里，就不怕芭蕉扇了。”

“你娘让你取多少定风丹？”

“有多少拿多少，多多益善！”

“嗯？多多益善？”牛魔王产生怀疑，“我先来算算家里还有多少定风丹。”

牛魔王掰着手指头开始算：“家中的定风丹原来装在 9 个宝盒中。这 9 个宝盒中分别装有 9 颗、12 颗、14 颗、16 颗、18 颗、21 颗、24 颗、

25 颗和 28 颗。”

哪吒一吐舌头：“哇，有这么多哪！我都拿走。”

“不过——”牛魔王眼珠一转，“前天覆海大王蛟魔王拿走了若干盒，昨天混天大王大鹏魔王又拿走若干盒，最后只给我留下了 1 盒，我还知道蛟魔王拿走的定风丹的个数是大鹏魔王拿走的两倍。”

哪吒忙问：“您留下的这盒里有多少颗定风丹？”

牛魔王摇摇头：“我没数，我也不知道。”

哪吒往前紧走一步：“让我来算算，假设大鹏魔王拿走的定风丹数为 1……”

听到 1，牛魔王连连摇头：“不，不，大鹏魔王拿走的定风丹数绝不是 1 颗，也绝不止 1 盒。”

哪吒解释说：“我这里说的 1 既不是 1 颗，也不是 1 盒，而是 1 份。这样，蛟魔王拿走的定风丹数就应该是 2 份。因此蛟魔王和大鹏魔王拿走的定风丹的总数应该是 3 的倍数。”

木吒在一旁搭腔：“对！”

牛魔王问：“怎么才能知道我剩下的这盒里有多少定风丹？”

哪吒解释说：“您别着急啊！这 9 盒定风丹的总数是 $9+12+14+16+18+21+24+25+28=167$，然后总数 167 被 3 除，商 55 余 2，即 $167\div3=55\cdots\cdots2$。”

“你又除又商的，玩什么把戏？”牛魔王有点晕。

哪吒可不晕，他说：“两位大王共拿走了 8 盒定风丹，它们的总数可以被 3 整除。可以被 3 整除，说明这个总数被 3 除，余数应该是几哪？”

牛魔王用手在自己的脑门上“啪、啪、啪”狠命拍了三下，结果还是摇摇头。

哪吒心想：你就是把脑袋拍烂了，也回答不出来。

哪吒心里虽然这样想，嘴里却说：“我知道，这么简单的问题，不值得大王来回答。”

牛魔王赶紧顺坡溜：“对、对，这么简单的问题，哪用得着我回答？快如飞，你说！”

“是！”木吒说，“如果能被3整除，余数就是0呀！可是加上您留下的这盒之后，余数却变成了2，这又是为什么？”

牛魔王眼珠一转：“这个问题更简单，更不值得我回答。”

哪吒连连点头：“对、对，我来回答。那一定是您留下的那盒定风丹的数，被3除后，余2呗！”

牛魔王装腔作势地点点头：“对、对，余数是2。”

“父王真是聪明过人！”哪吒说，“9、12、14、16、18、21、24、25和28这9个数中，被3除余2的只有14。这么说，父王手里还有14颗定风丹。”

牛魔王“嘿嘿”一笑：“真让你猜对了。”

哪吒一伸手：“父王，快把定风丹交给我吧！”

牛魔王拿出一个盒子：“这里有14颗定风丹，我儿拿走，快去作战吧！”

“谢父王！”哪吒双手接过定风丹。

出了芭蕉洞，哪吒和木吒恢复了原形。

哪吒高兴极了：“哈哈，有了定风丹，咱们就不怕芭蕉扇喽！给，咱俩先一人含一颗。”

“好！”木吒把定风丹扔进了嘴里，哪吒也含了一颗，然后拿着盒子直奔前线。

来到阵前，哪吒大叫：“铁扇公主听着，我已取得了定风丹，再也不怕你的芭蕉扇了！有本事你尽管扇哪！”

“什么？你弄到定风丹啦？”铁扇公主半信半疑，“让我来试试！”

“嗨！嗨！嗨！”铁扇公主扇动起芭蕉扇，连续扇了几下。

刹那间，只听得“呜”的一声怒吼，狂风突起，风力强大无比。哪吒和木吒立刻被吹上了天。

哪吒大叫："哇！这定风丹怎么不管用啊？"

木吒说："牛魔王骗了咱们，给咱俩的定风丹是假的！"

真假定风丹

哪吒和木吒飘荡了好半天，木吒先落了地。过了不久，哪吒也到了。哪吒和木吒汇合到一起。

"二哥，铁扇公主把咱俩扇到哪儿去了？"

"可能是绕着地球转了 N 圈——牛魔王竟敢用假定风丹骗咱们！"

"太可恶了，走，找牛魔王算账去！"哪吒拉起木吒就走。

哪吒和木吒又来到翠云山的芭蕉洞，哪吒将手中的乾坤圈狠命朝洞门砸去，只听"咚"的一声，把洞门砸得裂了一道口子。

哪吒大喝："该宰的老牛，你竟敢用假定风丹骗你家小爷，还不快快出来受死！"

忽听"哗啦"一声，洞门大开，牛魔王骑着辟水金睛兽，头戴熟铁盔，脚踏麂皮靴，腰束三股狮蛮带，手提一根混铁棍，杀了出来。

牛魔王指着哪吒哈哈大笑："小娃娃，你还嫩得很哪！牛爷爷略施小计，就把你给骗了，这次让我妻把你俩扇到天涯海角了吧！哈哈哈！"

哪吒怒从胸中来，左手一指牛魔王："该宰的老牛，快拿你的牛头来！杀！"哪吒舞动乾坤圈，杀了上来。

"想拿我的牛头？做梦去吧，杀！"牛魔王举棍相迎。

突然，红孩儿从洞里飞了出来："父王，你对付哪吒，我来解决木吒！"说完挺枪直奔木吒杀去。

木吒大吃一惊："哇！红孩儿什么时候跑到这里来啦？"

红孩儿气势汹汹，挺着一丈八尺长的火尖枪直取木吒。木吒抡起铁棍相迎。两人你来我往，杀在了一起。

这时金吒听到消息，也领着一队天兵天将赶来了。

“天兵天将，上！”哪吒一声令下，天兵天将把牛魔王和红孩儿团团围住。

“杀！杀！”天兵天将奋不顾身地往前冲。

红孩儿看天兵天将人数众多，边打边回头对牛魔王说：“父王不好，咱俩被包围啦！怎么办？”

牛魔王手一挥：“快撤回洞里！”

牛魔王和红孩儿杀出一条血路，跑回洞里，“咣当”一声把洞门关紧。

哪吒在外面大喊：“牛魔王，快把定风丹交出来！”

牛魔王在里面喊：“哪吒，你不是要定风丹吗？你等着，我扔给你！”

这时洞门打开了一道缝，牛魔王在里面喊：“这是定风丹，接住！”

“嗖”的一声，从里面扔出 1 粒红色大药丸。哪吒答应：“好的！”刚想去接，一旁的木吒拦住了他：“别接，小心有诈！”

木吒话音刚落，只听“轰”的一声巨响，红色药丸在空中突然爆炸了。幸亏哪吒没去接红色药丸，否则非炸个粉身碎骨不可。

哪吒倒吸一口凉气：“哇，真危险啊！”

牛魔王在洞里哈哈大笑：“小哪吒，你不是说定风丹多多益善吗？接住，这都是定风丹，哈哈！”说着牛魔王从洞中连续扔出红色、黄色、绿色、黑色、白色药丸，各色药丸相继在空中爆炸，“轰！”“噗！”“哗！”药丸爆炸后，有的发出极臭的气味，有的发出耀眼的光芒。

木吒捂着鼻子：“臭死啦！这里面除了炸弹，还有毒气弹，强光弹！”

哪吒怒目圆睁，往洞里一指：“该杀的牛魔王，你说话不算数！”

“我说话怎么不算数啦？”牛魔王从洞里探出头来，“我扔的各色药丸是有规律的，接下来扔出的药丸里面有 1 颗真的定风丹。”

哪吒问：“哪个是真的定风丹？”

“第 14 轮的最后 1 粒药丸就是真的定风丹。”

哪吒皱起眉头：“谁知道哪个是第 14 轮的最后 1 粒药丸？”

木吒在一旁搭话：“三弟，我仔细观察了牛魔王扔出各色药丸的规律。它们是：5 粒红的，4 粒黄的，3 粒绿的，2 粒黑的，1 粒白的。就是说每一轮，也就是 1 个周期有 $5+4+3+2+1=15$(粒) 药丸。”

哪吒点点头：“这么说，14 轮共扔出 $15\times14=210$(粒) 药丸。最后 1 粒药丸就是第 210 粒。”

“对，这第 210 粒应该是白色的药丸。”

这时牛魔王喊道：“看好了，我按着规律开始扔啦！”接着“嗖、嗖、嗖”各色药丸从洞中鱼贯飞出。

木吒一边看着飞出来的各色药丸，一边数：“1，2，3，…，198，199，200，…，210。”

当木吒数到210时，哪吒飞身接住了白色的药丸：“嗨！定风丹哪里跑！”

哪吒拿到定风丹后立刻飞回两军阵前，他大声喝道：“铁扇公主，你三太子又回来了，快快出来受死吧！”

铁扇公主心中纳闷：“这哪吒怎么这样快就回来了？这次我要多扇他几扇子，把他扇到天涯海角去！”

铁扇公主来到阵前，也不搭话，抡起芭蕉扇冲着哪吒“呼、呼、呼”连扇了十几下。

令铁扇公主奇怪的是，扇了这么多下，哪吒硬是纹丝不动。

“扇的次数不够？”铁扇公主钢牙紧咬，抡起芭蕉扇冲着哪吒“呼、呼、呼”又扇了十几下。

“哈哈，铁扇公主，你累不累呀？”说着哪吒从怀中掏出定风丹，“你来看看这是什么？”

铁扇公主一看是定风丹，大惊失色：“啊，你拿到定风丹了？”

哪吒点点头：“你刚才试过啦，这定风丹不会是假的吧？”

铁扇公主沉思良久，她深知没有芭蕉扇的威力，他们一家肯定不是众天兵天将的对手。她长叹一口气，扔掉手中的青锋宝剑，跪倒在地，缓慢地说："三太子既然拿到了定风丹，我认输。"

哪吒说："你早该如此！"

铁扇公主抬起头说："请三太子饶我儿一次，我将把他带在身边，严加看管！"

这时，牛魔王和红孩儿也同时赶到，双双跪地求饶："请三太子高抬贵手！"

哪吒看他们一家三口同时跪倒在地上，心有不忍，就对牛魔王和铁扇公主说："也罢，念你们年龄也不小了，膝下只有红孩儿一子，这次饶了红孩儿，下次再敢祸害百姓，定杀不留！众将官，班师回朝！"

宝塔不见了

时间过得飞快，一晃十年过去了。

在这十年中，红孩儿一刻不曾忘记败在哪吒手下的奇耻大辱，他发誓要报仇。

一天清早，托塔天王李靖洗漱完毕，准备上朝，突然发现自己手托的宝塔不见了。李天王大惊失色，宝塔乃无价之宝，是他权力的象征，宝塔丢了，可怎么见人哪！李天王急得直冒冷汗，暗想谁这么大胆敢偷走他的宝塔？

此时，一名天兵匆匆来报："报告天王，今天早上在您的书案上发现了4个小金盒，还有一封信。"

"快去看看。"托塔天王疾步走出卧室。此事也惊动了金吒、木吒和哪吒，他们也跟着父亲奔向书房。

在书案上果然摆着 4 个金光闪闪的盒子，从外表看，4 个盒子一模一样。盒子下边压着一封信。托塔天王拿起信一看，只见上面写道：

玩铁塔的老头：

你的铁塔，我拿去玩玩。3 天之内赶紧来我处取。过了 3 天，我就卖给收废品的小贩了。你的铁塔还有点分量，估计能卖几个钱。

你现在最发愁的是不知道我是谁。告诉你吧，答案就在这 4 个小盒子上。这 4 个小盒子从外表看都是金色的，但里面的颜色各不相同，分别是黑色、白色、红色和绿色。只有打开里面是红色的那只盒子，才知道我是谁。如果打开的里面是别的颜色的盒子，那就不好啦！到时“轰”的一声，你们就全都完蛋了。哈哈，好玩吗？

知名不具

看完这封信，李天王气得“哇哇”直叫：“哪来的大胆毛贼，敢称呼我李天王为‘玩铁塔的老头’！真是气煞我也！”

金吒圆瞪双眼：“还敢把父王的宝塔卖给收废品的，他吃了熊心豹子胆啦！”

还是木吒沉得住气，他说：“当务之急是把偷宝贼确定下来。”

李天王和儿子们围着书案转了 3 圈，把 4 个小盒左左右右看了个仔细，可是谁也没看出来哪个小盒里面是红色的。

正当大家一筹莫展的时候，哪吒突然说：“看看盒子底下有没有什么东西？”

木吒立刻把 4 个小盒全部翻转过来，果然小盒底部都有字：从左到右 4 个盒子下分别写着“白”“绿或白”“绿或红”“黑或红或绿”。其中一个小盒子的底部用芝麻大的字写着：“这里没有一个盒子写的是对的。”

李天王大怒：“没有一个写得对，说明都是骗人的鬼话！假话还写了干什么？”

金吒挥舞着拳头，吼道：“这小贼是成心耍咱们，捉住他，我要把他碎尸万段！”

“虽说都是假话，但我们也能分析出，哪个盒子里面是红色的。”哪吒的这番话，使大家都很惊奇。

金吒好奇地说：“三弟，你给大家分析一下。”

哪吒说：“既然 4 个小盒底部写的都是假话，那么最右边的盒子里面肯定是白色的。”

“为什么？”

“最右边的盒子的底部写着‘黑或红或绿’，而这是假话，说明盒子里面既不是黑色，也不是红色，更不是绿色。你们说这个盒子里面真正的颜色应该是什么？”

大家异口同声回答：“应该是白色。”

“嘻嘻！”哪吒笑着说，“这就对了嘛！”

“往下怎样分析？”

“再分析右数第二个盒子。”哪吒说，“这个盒子的底部写着‘绿或红’，既然这是假话，真的就可能是白或黑。”

木吒抢着说：“最右边的盒子里面肯定是白色的了，这个盒子里面应该是黑色的。”

金吒也不甘落后，他说：“左数第二个写着‘绿或白’，这是假话，真话应该是‘黑或红’，而黑色已经有了，所以它里面必然是红色的。嘿！里面是红色的盒子找到了。”

托塔天王拿起左数第二个盒子，打开一看，里面装着一个木头刻的光屁股小孩。李天王皱着眉头问：“装个光屁股小孩，是什么意思？”

没有一个人答话。

突然，哪吒说道：“我给大家出个谜语：用红盒子装小孩，打一人名。”

大家你看看我，我看看你，半天没人说话。

“红孩儿！”还是木吒抢先说出了谜底。

听到“红孩儿”三个字，李天王倒吸了一口凉气：“怎么又是他！”

李天王习惯性地举起左手，按照以往的习惯，左手是托着宝塔的，举起宝塔就是要下令发兵。现在宝塔丢了，举起左手也没用了。“唉！”李天王深深叹了一口气。

哪吒见状，走前一步：“父王，不要生气。待儿点齐3000天兵天将，直捣枯松涧火云洞，掏那红孩儿的老窝，抓住红孩儿，夺回宝塔。”

李天王苦笑着摇摇头：“宝塔乃玉皇大帝赐予我发兵的信物，如今我连宝塔都丢了，如何点齐3000天兵天将？”

木吒一抱拳：“父王，不发兵也无妨，派大哥、我、三弟前去，也定能将宝塔夺回。”

金吒、木吒、哪吒一起跪下：“请父王下令！”

“唉！也只好如此了。”李天王命令，“仍命哪吒为先锋官，带领金吒、木吒，捉拿红孩儿，夺回宝塔，不得有误！”

“得令！”哪吒带领两个哥哥，走出书房。

“唉！”金吒叹了一口气，“想上次讨伐红孩儿，有巨灵神、大力金刚、鱼肚将、药叉将等众天将相助，有万名天兵相随，是何等的威风。今日，只有咱们兄弟三人，形单影只，今非昔比喽！”

哪吒安慰说：“咱们哥仨还斗不过一个红孩儿？大哥放心吧！”说完三人腾空而起，直奔枯松涧火云洞。

四小红孩儿

说话间兄弟三人来到枯松涧火云洞，哪吒一指洞门，高喊：“红孩儿听着，你盗走我父王的宝塔，快快还来！念你修行多年不易，可以从轻处理。如果一意孤行，定杀不赦！”

哪吒叫了半天，洞门紧闭，里面一点动静也没有。

木吒摇摇头，说：“怪了，按红孩儿的脾气，你在洞外一喊他，他会立马出来和你玩命。今天怎么这么安静？是不是搬家啦？”

话音刚落，只听洞里“咚、咚、咚”三声炮响，“哗”的一声，洞门大开，一群小妖拥了出来。领头的还是红孩儿的六大干将。这六个草包还是那副怪里怪气的模样，嘴里依然“叽里呱啦”不停地说着：“哇！又来送好吃的了。”当他们看清站在外面的只有哪吒兄弟三人时，就不满意了：“就来了三个，不够分的呀！”

哪吒用手一指：“你们这些小妖出来干什么？快让红孩儿出来受死！”

云里雾“嘿嘿”一笑：“对不起，三位来晚了，我家圣婴大王刚走。”

“去哪儿了？”

“大王临走前说，他要去熔塔洞，把刚刚拿到的李天王的宝塔熔成铁块。”

“哇呀呀！”听了云里雾的话，金吒气得“哇哇”直叫，他指着云里雾的鼻子问道，“红孩儿不是说三日后再卖给收废品的，怎么今天就要把宝塔熔掉？”

云里雾一本正经地回答：“对呀！我家大王没说今天去卖宝塔呀，他是先把宝塔熔成铁块，然后再卖给收废品的。”

一听说红孩儿要把宝塔熔掉，兄弟三人全急了，“哇呀呀！”各挺兵器向红孩儿的六大干将杀去。这六个草包深知三兄弟的厉害，转头就往洞里跑，边跑边喊：“快跑呀！晚了就没命了！”小妖只恨爹娘少给自己生了两条腿，一路狂奔。

哪吒举起斩妖剑，只一抡，小妖就倒下一大片。六大干将跑进洞里“咣当”一声，把洞门关上。

金吒正杀得兴起，嘴里喊着“赶尽杀绝，还我宝塔”，就要往洞里冲。

“大哥！”木吒一把拉住了金吒。

金吒急了：“为什么不让我冲？”

木吒解释道：“咱们这次出来是为了找回父王的宝塔，并不是为了消灭小妖。如果和小妖纠缠时间过长，会耽误咱们的正事。”

金吒点点头，问：“你相信红孩儿不在洞里？”

哪吒坚定地说：“我可以肯定！如果红孩儿在洞里，按他的脾气，早就冲出来了。咱们当务之急是赶紧找到熔塔洞，把父王的宝塔夺回来。”

但是熔塔洞在哪儿呢？三人你看看我，我看看你，谁也不知道。

三人正在着急，忽然听到“嘻嘻哈哈”的欢笑声，寻声望去，只见4个穿红衣服的小孩连蹦带跳地走了过来。4个小孩长得一般高，年龄差不多，长相也很相似。

金吒剑眉倒竖：“看，4个小红孩儿！”

哪吒一摆手：“不能一看见穿红衣服的小孩，就认为他们是红孩儿。”

哪吒紧走几步，来到4个小孩的面前：“我说小娃娃们，向你们打听一个地方。”

4个小孩上下打量了哪吒一番：“你叫我们娃娃，你也不大呀！”

哪吒笑了笑：“我再不大，也比你们大得多呀！能分别告诉我你们几岁了？”

其中一个小孩说：“那就看你够不够聪明了。我们4个是一个比一个大1岁，我是老二。我今年的岁数加上明年的岁数，再加上去年的岁数，其和与去年岁数的比是24∶7。好了，现在你算算我们4个都多大啦？”

“呀！还考我数学？”哪吒并不怕他们考数学，“我用方程来解——只要算出你老二的岁数，由于你们一个比一个大1岁，其他3个人的岁数自然也就知道了。”

老二撇着嘴说：“不用说你怎么解，解出来才算数哪！”

哪吒边说边写：“我设你今年的岁数为x，则你明年的岁数就为$x+1$，

而去年的岁数就是 $x-1$。根据三年的岁数之和与去年岁数的比是24∶7，可以列出方程：

$$(x+x-1+x+1):(x-1)=24:7。”$$

老二问：“往下怎么做？”

“你别着急呀！”哪吒说，“我把这个方程解出来：

$$3x:(x-1)=24:7,$$

$$21x=24x-24,$$

$$3x=24,$$

$$x=8。$$

哈，算出来了，你的岁数是8岁，你们4个的年龄依次是6岁、7岁、8岁和9岁。对不对？”

4个小孩一起点头：“对，你还真有两下子！不过，你得告诉我们，你几岁啦？”

“哈，我的岁数可大啦！”哪吒做了一个鬼脸，我的年龄比你们年龄的乘积还要大得多！”

“骗人！”4个小孩同时瞪大了眼睛，“你看起来明明像个小娃娃——别人都说我们四个是吹牛大王，没想到你比我们四个还能吹。不过，我们喜欢爱吹牛的人，所以，你想问什么就问吧！”

哪吒眼珠一转，问：“你们4个人都叫什么名字？”

“我叫小小红孩儿。”

“我叫红小孩儿。”

“我叫红孩小儿。”

“我叫红孩儿小。”

“哇，绕口令呀！”哪吒又问，“去熔塔洞怎么走？”

小小红孩儿说：“去熔塔洞呀，跟我们走！”

4个小孩在前面带路，哪吒兄弟三人跟在后面。在山里转了几个圈，他们来到一个洞口。

小小红孩儿回头说："熔塔洞到了，跟我们进去吧。"4个小孩随即进了洞，哪吒兄弟三人也跟了进去。

走着走着，突然红孩小儿蹲下来系鞋带。哪吒和金吒没在意，继续跟着另外3个小孩往前走。木吒是个细心人，他在一旁偷偷观察红孩小儿。红孩小儿系好鞋带后，紧走几步追赶前面的伙伴去了。木吒等他走后仔细观察红孩小儿蹲过的地方，突然发现那里有个小纸团。木吒捡起纸团，顺手装进口袋里。

走着走着，4个小孩突然不见了。哪吒低声说了句："不好！我们上当啦！"话音刚落，只听"呼"的一声，四周同时燃起熊熊大火，把哪吒兄弟三人困在了中间。

这时传来一阵阵小孩得意的笑声："哈哈，哪吒你不是要找熔塔洞吗？这回要把你们哥仨儿都熔了！哈哈……"

哪吒高声问："你们究竟是什么人？"

得到的回答是："我们是圣婴大王红孩儿新收的4个徒弟，人送绰号'四小红孩儿'。"

逃离熔塔洞

哪吒兄弟三人被困在熔塔洞的大火之中，因为三人都有法力，在大火中一时还没有生命危险，但是时间长了也不成。

哪吒紧皱眉头说："一定要冲出去，咱们分头去找出口。"

"好！"金吒和木吒答应一声，分头走开。

金吒往西在烈火中左冲右突，寻找着出口。突然，他看见了一个洞口，心中一喜，赶紧朝洞口走去。刚接近洞口，"呼"的一声，一股烈焰从洞口喷出，吓得金吒一个空翻，逃离了洞口，可是把鞋烧坏了半只。

“好险！”金吒心有余悸地拍拍胸口，然后继续寻找出口。咦，那边还有一个洞口，金吒小心靠近洞口，“呼”的一声，又是一股烈焰从洞口喷出。他赶紧低头，让烈焰从头上飞过，可惜还是慢了半拍，头发被烧焦了一大把。

兄弟三人聚集在一起。

金吒说：“洞里有许多小洞，我一靠近洞口，小洞里就喷出烈火。你们看，我的头发和鞋都烧坏了。”

哪吒说：“我数了一下，小洞一共有 8 个，而且洞口都写有从 1 到 8 的编号。”

木吒突然想起什么似的，连忙从口袋里掏出一张纸条：“这张纸条可能会帮助咱们脱离险境。”

哪吒忙问：“哪儿来的？”

木吒说：“是四小红孩儿中，那个叫红孩小儿给咱们的。”

金吒催促：“快念念！”

木吒读道：“想逃离熔塔洞吗？把下面的题目解出来：将 1、2、3、4、5、6、7、8 这 8 个数分成 3 组，每组中数字个数不限；要求这 3 组的和互不相等，而且最大的和是最小的和的 2 倍。找到写有最小的和的洞口，那就是你们的生路。”

金吒紧皱双眉：“8 个数分成 3 组，每组中数字个数又不限，这怎么分哪？”

“可以这样来考虑。”哪吒说，“先从 1 到 8 做加法，求出它们的和。”

“我来求。”金吒列出算式：

$$1+2+3+4+5+6+7+8=36。$$

哪吒接着分析：“和是 36。题目要求把这 8 个数分成和互不相等的 3 组，所以我们可以这样来考虑，把最小和看作 1。”

金吒问：“看作 1 是什么意思？是找 1 号洞口吗？”

“不是。这里的 1 就是 1 份的意思，这 1 份是多少现在还不知道。”哪吒解释，“由于最大的和是最小的和的 2 倍，所以最大的和就应该是 2。”

“这 2 就是 2 份的意思，这个我知道。”金吒非常爱动脑筋，“可是中间那组的和应该是几哪？”

木吒也问：“是啊，中间那组的和应该是几呢？”

哪吒说：“中间那组的和应该在 1 和 2 之间，具体是几现在还不知道。”

金吒和木吒一起摇头：“什么都不知道，这没法算。”

“有办法算！”哪吒十分有信心，“我暂时把中间那组的和看作 1，做个除法：

$$36\div(1+1+2)=36\div4=9。$$

再将中间那组的和看作 2，做个除法：

$$36\div(1+2+2)=36\div5=7.2。$$

这说明最小的和既大于 7.2，又小于 9，还必须是整数，你们说最小的和应该是几？”

金吒和木吒异口同声地回答：“是 8。”

“妙，妙！”金吒竖起大拇指夸奖说，“三弟的算法实在是妙！最大的和是 16，而中间那组的和是 $36-8-16=12$，是 12。”

哪吒一挥手：“走！咱们从 8 号洞口往外冲！”

“走！”兄弟三人顺利地从 8 号洞口冲出了熔塔洞。

出了熔塔洞哪吒却发了愁，他说：“咱们是来找父王宝塔的，可现在折腾了半天，连红孩儿的影儿还没看到哪！”

金吒双手一拍：“说的是呀！咱们让四小红孩儿牵着鼻子走了。这四小红孩儿比红孩儿还坏！”

“不一定，”木吒小声说，“这四小红孩儿中，那个叫红孩小儿的可能是一个好孩子。如果不是他给咱们留了一张纸条，咱们怎么可能顺利冲出熔塔洞？”

哪吒问："你能认出那个叫红孩小儿的来吗？"

木吒摇摇头："不好说，四小红孩儿长得实在太像了。不过，这个小孩要想帮咱们，就不会只帮咱们一次。咱们在周围找找，看看他还留下什么暗示没有？"

兄弟三人在周围仔细寻找。金吒找得最认真，连石头缝、树背后都不放过。突然，金吒指着一棵大树的树洞叫道："这里面有字！"

哪吒和木吒赶紧跑了过去。这是一个很大的树洞，里面写了几行字：

> 你们被我们骗了！你们刚才进的不是熔塔洞，而是烧人洞。我师傅带着宝塔去了熔塔洞。要找到这个熔塔洞并不费事，只要朝正西的方向走一段路。这段路有多长呢？它等于下面6个方格中的数字之和：
>
> □□□＋□□□＝1996(千米)。

金吒摇摇头："这个小孩帮忙倒是帮忙，就是帮忙不帮到底，总出题考咱们。"

木吒笑着说："大哥知足吧！人家小孩够意思的了。再说，三弟数学好，这些题难不倒三弟。"

金吒指着算式说："这个问题可够难的！6个方格中的数字，一个也不知道，还硬要求这6个数字的和。怎样才能求出每个方格里的数字呢？"

哪吒说："这里没有必要求出每个方格里的数字，只要求出和就成了。"

木吒问："从哪儿入手考虑哪？"

哪吒反问："二哥，你说哪两个数相加最接近19呢？"

"只有9＋9＝18，最接近19。"

"对！由于这两个三位数之和是1996，所以可以肯定这两个三位数的百位数和十位数都是9。"

"对！不然的话，和的前三位数不可能是199。"

“两个个位数之和一定是 16。这样一来，6 个方格中的数字之和就是 $9\times4+16=36+16=52$。”

金吒高兴地说：“咱们要找的那个熔塔洞，只要朝正西的方向走 52 千米就可以找到。走！”

兄弟三人驾起云头，朝正西方急驶而去。

操练无敌长蛇阵

哪吒兄弟三人驾云很快找到了熔塔洞。刚到熔塔洞上端，就听到下面传来“1——2——3——4——”操练的声音。

哪吒手搭凉棚往下看，只见红孩儿手拿小红旗，指挥一群小妖正在操练阵式。

红孩儿在地上画出了一个 6×6 的方阵，然后让 10 名小妖组成一个三角形的式样站在方阵中（图 1−6）。

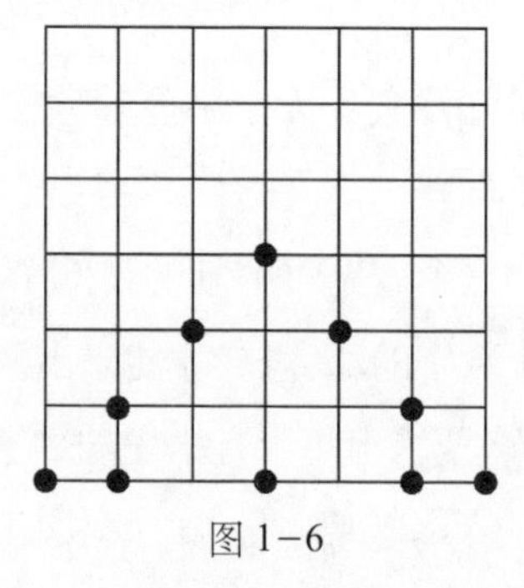

图 1−6

红孩儿的六大干将——云里雾、雾里云、急如火、快如风、兴烘掀、掀烘兴——率众小妖站在一旁观阵。

红孩儿对众小妖说：“金吒、木吒、哪吒三兄弟，不久就将杀过来，我要用这个‘无敌长蛇阵’来对付他们。”

众小妖振臂高呼：“油炸金吒，火烤木吒，清炖哪吒！”

哪吒在云头微微一笑："胃口倒不小，吃咱们哥仨，还要分油炸、火烤、清炖三种不同的吃法。"

红孩儿摇动手中小红旗，让小妖安静下来："孩儿们听着，我要从你们当中选出一人当'无敌长蛇阵'的领队，这个人一定要智力超群。"

众小妖纷纷举手："我行！""我智力超群！""我如果身上粘上毛，比猴还精！"

"口说无凭，是骡子是马，得拉出来遛遛才知道！"红孩儿说，"阵中的 10 名弟兄，都站在交叉点处。谁能调动阵中的 3 名弟兄，使得调动后阵中的 10 名弟兄，站成 5 行，每行都有 4 名弟兄？"

听完红孩儿的话，小妖们你看看我，我看看你，没有一个吭声的。

哪吒一看时机已到，赶紧跳下云头，口中念念有词，冲快如风一招手。快如风犹如被强大的吸力吸引，身体不由自主地飘了过来。哪吒在他头上轻轻拍了掌，快如风立刻晕死过去。哪吒摇身一变，变成了快如风，跑到小妖当中。

哪吒变成的快如风，高举右手，大喊："大王，我会调动！"

红孩儿扭头一看，是爱将快如风，十分高兴："快如风，你来试试。"

"快如风"在阵前一站，下达命令："阵里的弟兄，听我指挥！"

"快如风"只调动了 3 名小妖，就完成了任务（图 1-7）。红孩儿一数，果然那 10 名小妖站成了 5 行，每行都有 4 名小妖。

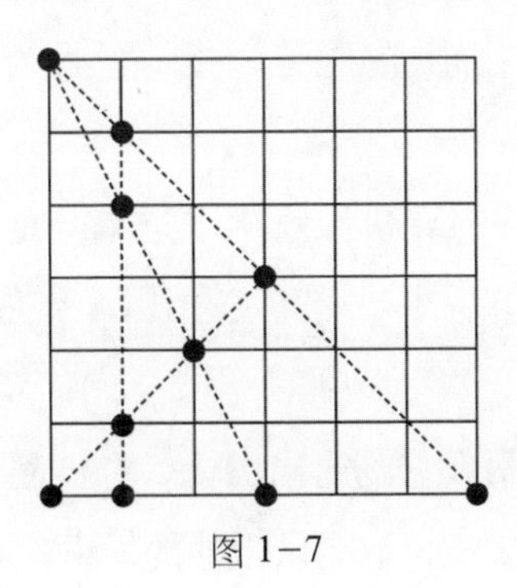

图 1-7

“好！我把指挥旗交给你。只要哪吒三兄弟陷入‘无敌长蛇阵’，我就会让他们有来无回！”红孩儿说完就把指挥旗交给了“快如风”。

“快如风”没有马上接旗，而是对红孩儿说：“大王，您先演示一下‘无敌长蛇阵’，我要看看它的威力。”

“好！”红孩儿一指雾里云，“你往‘无敌长蛇阵’里攻！”

“得令！”雾里云大喊一声“杀！”挺长枪就往“无敌长蛇阵”里攻。

红孩儿挥动手中的指挥旗往左一摇，阵中的小妖立刻闪开一条路，让雾里云冲进阵里。

待雾里云冲到了阵中央，红孩儿把旗向右一摇，10 名小妖立刻首尾相接，形成一条长蛇，弯弯曲曲把雾里云缠在了中间。圈子越缠越小。小妖个个手执兵器，从各个方向朝雾里云进攻。雾里云顾得了前来顾不了后，顾得左来顾不了右，身上多处受伤，可谓险象环生。

红孩儿把指挥旗往上一举，大喊一声：“停！”阵中的小妖立刻停止了进攻。

“快如风”竖起大拇指：“大王的‘无敌长蛇阵’果然厉害，天下无敌！”

红孩儿“嘿嘿”一笑：“俗话说‘毒蛇猛兽’，我的‘无敌长蛇阵’就是模仿毒蛇的缠绕战术，置敌于死地的！”

“快如风”突然问道：“有没有破解‘无敌长蛇阵’之法？”

听到这个问题，红孩儿的脸上闪过一丝惊讶，他迟疑了一下，说：“天机不可泄漏！”

突然，被哪吒打昏的真快如风跑了过来。他捂着脑袋对红孩儿说：“大王，刚才我被哪吒打昏了。”然后一指哪吒变的快如风说，“他是假快如风，是哪吒变的。”

“啊！？”红孩儿两眼立刻露出凶光，步步逼近哪吒，“你是哪吒？”

哪吒连连摆手：“大王，不能只听他的一面之词，我是真的快如风。”

红孩儿眼珠一转，说："你们两人站在一起，让我闻闻你们身上的味道，就会真相大白。"

哪吒也不知道红孩儿葫芦里究竟卖的什么药，闻闻就闻闻呗！哪吒向前走了两步，和快如风站到了一起。

周围的小妖发出阵阵惊叹声："哇！两个快如风长得一模一样呀！"

红孩儿先走到哪吒变的快如风旁边，用鼻子仔细闻了闻。然后又走到真快如风身旁，用鼻子只闻了一下，立刻用手一指哪吒变的快如风大喊："他是假的，快给我拿下！"

听到命令，红孩儿的六大干将立刻率众小妖把哪吒团团围住。

哪吒喊了一声："变！"立刻恢复了原形。哪吒根本没把这群气势汹汹的小妖放在眼里，他问红孩儿："奇怪了，你怎么能用鼻子分出真假？"

红孩儿"嘿嘿"一笑："快如风是个狐狸精，他身上的臊味特别大，老远就能闻出来。"接着他把右手的指挥旗一举："杀！"

"杀！"六大干将各执手中兵器，一齐朝哪吒杀来。哪吒抖动肩膀，大喊一声："变！"立刻变成了三头六臂。哪吒6只手拿着的斩妖剑、砍妖刀、缚妖索、降妖杵、绣球儿、火轮儿这6件兵器，正好一件兵器对付一名干将。

破解无敌长蛇阵

这时正在空中等候消息的金吒和木吒，一看哪吒被众妖围攻，大喊："三弟莫慌，为兄来也！"两人立刻跳下云头，各挺兵器向小妖们杀去。一时杀得砂石乱飞，乌云蔽日。

杀了足有一顿饭的工夫，小妖死伤无数，红孩儿的六大干将也个个带伤。红孩儿看时机已到，把手中的指挥旗往左一摇，"无敌长蛇阵"的小妖们立刻闪开一条路。金吒和木吒不知道“无敌长蛇阵”的厉害，立刻就往阵中冲。

哪吒一看急了，高声叫喊：“不能进阵！”但是已经晚了，金吒和木吒已经冲进了“无敌长蛇阵”。

10 名小妖立刻首尾相接，形成一条长蛇，弯弯曲曲把金吒和木吒缠在了中间。小妖手执兵器，从各个方向朝金吒和木吒进攻。金吒和木吒开始还能坚持，随着“长蛇”不断地变化，转动的速度时快时慢，缠绕的圈子时大时小，慢慢地有点支持不住了。

哪吒在阵外看得清楚，如果这样打下去，两位哥哥要吃亏的。哪吒大吼一声：“我来也！”飞身跃进阵中。兄弟三人聚在一起，共同对付这条“怪蛇”。

红孩儿见哪吒也进入阵中，立刻把指挥旗连摇两下，于是又有 100 名小妖加入阵中。“怪蛇”变成了一条“巨蟒”，把兄弟三人紧紧缠在中间。

哪吒想：照这样打下去是不成的，要想办法破解这个长蛇阵。破解这个长蛇阵的关键在哪儿呢？突然，他想起“打蛇要打七寸”，虽然不知道这条“巨蟒”的七寸在哪里，不过可以试试，先照着从头数第 7 个小妖打看看。想到这儿，哪吒大喊一声：“接家伙！”手中的降妖杵直奔第 7 个小妖砸去。只听“嗷”的一声，这名小妖立刻倒地而死，现出原形——原来是个野狗精。

打死野狗精，长蛇阵立刻乱了阵形。哪吒三兄弟趁势一通猛打，长蛇阵瞬间四分五裂，小妖四处逃窜。红孩儿挺火尖枪迎战哪吒三兄弟。红孩儿虽然骁勇，但是好汉难敌四手，终因寡不敌众，败下阵来。他带领手下的六大干将和剩余的小妖落荒而逃。

金吒刚要去追，哪吒拦住了他。哪吒说：“大哥，咱们这次来的目的是找回父王的宝塔，所以当务之急是赶紧进入熔塔洞，找到宝塔，和红孩儿的账以后再算。”

“好！”金吒快步来到熔塔洞的洞口，看见洞门紧闭。金吒抬起右脚，照着洞门“咚咚”狠命踢了两脚，洞门纹丝不动。

金吒正想再踹它几脚，突然发现洞门上画有一个大圆圈，周围装有13个布包（图1−8）。他忙招呼木吒和哪吒过来：“你们看这是什么？”

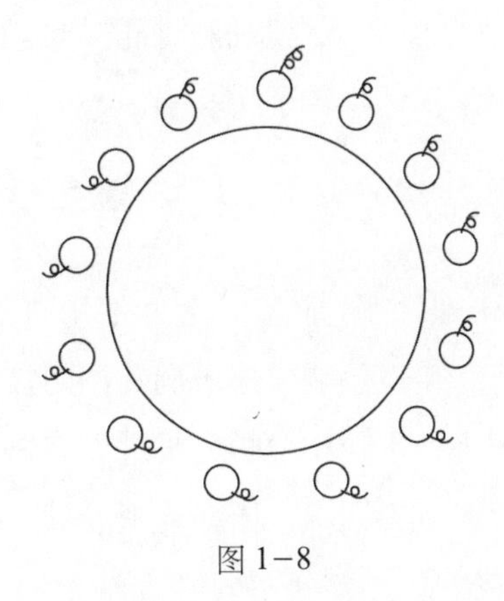

图1−8

“旁边还有字。”木吒念道，“这个大圆的周围安装了13个威力强大的炸药包，其中有12个是往外爆炸的，只有1个是向里爆炸的。只有找到这个向里爆炸的炸药包，才能把门炸开。如何找到这个向里爆炸的炸药包呢？从有长药捻的炸药包开始，按顺时针方向数，数到10000时，就是那个向里爆炸的炸药包。”

金吒瞪大了眼睛：“哇，要数10000个哪！那还不数晕了？”

“一个一个去数，不是办法。”木吒摇摇头说，“万一数晕了，找到的不是向里而是向外爆炸的炸药包，咱们仨就完了！”

哪吒说：“数10000个数，由于是转着圈数的，所以有很多数都是白数的。”

金吒问：“怎么数才能不白数？”

“应该把转整数圈的数去掉。”哪吒说，“转一圈要数13个数，去掉13的整数倍，余下的数就是真正要数的数。”

“对！”木吒说，“去掉13的整数倍的办法，是用13去除10000。”说着就在地上列出一个算式：

$$10000 \div 13 = 769 \cdots\cdots 3。$$

哪吒看到这个算式，高兴地说：“好了，只要从有长药捻的炸药包开始，按顺时针方向数，数到3就是我们要找的炸药包。”

木吒说：“这样做，我们少转了769圈。”

金吒挠挠头：“哎呀，如果一个一个地数，这769圈肯定能把人给转晕了！”

随着“呀”的一声喊，哪吒腾空而起。他用右手一指，一股火光直奔那个炸药包。“轰隆”一声巨响，熔塔洞的洞门被炸开了。

“进！”哪吒一招手，木吒和金吒鱼贯进入熔塔洞。

熔塔洞里漆黑一片，伸手不见五指。金吒小声问：“这里面连个火星儿都没有，怎么熔塔呀？”

哪吒也觉得奇怪：“是啊，这哪儿像熔塔洞呀？”

说话的工夫，突然“轰”的一声，一股强光闪过，在三人面前出现了一个巨大的熔炉。熔炉的火苗蹿起有一丈多高，在熔炉的上方吊着的正是李天王的宝塔。

金吒猛然跃起，想拿到那个宝塔。只听得“咚”的一声，金吒不知和什么东西撞了一下，然后重重地摔在了地上。

哪吒赶紧把大哥扶起，仔细一看，原来在熔炉的外面罩了一个透明的罩子。金吒就是撞在了这个透明罩子上了。

哪吒再仔细看这个罩子，发现罩子上画有一个宝塔形状的图（图1−9），在宝塔的各个角上一共画有7个圆圈。

“这里有字。”木吒念道，“把1到14这14个连续自然数，填到图中的7个圆圈和7条线段上，使得任意一条线段上的数都等于两端圆圈中两个数之和。如能填对，罩子自动升起，可取出宝塔。”

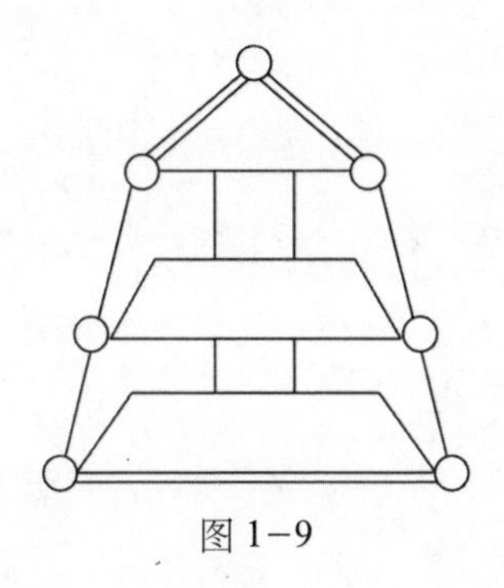

图 1-9

金吒挠挠头，说：“14 个数同时往里填，还要填对，这也太难了！”

木吒在一旁说：“大哥，为了取回宝塔，再难咱们也要填哪！”

哪吒想了想：“14 个数是多了些，如果同时考虑，容易引起混乱。咱们应该从简单的数入手考虑。”

“1、2、3、4 最简单，是不是应该从它们考虑？”

“大哥说得对！由于任意一条线段上的数都等于两端圆圈中两个数之和，所以要把小数先填进圆圈中。”说着哪吒把 1 到 5 这 5 个数填进了图里（图 1-10）。

“我来填 6，7，8。”接着金吒填了这 3 个数（图 1-11）。

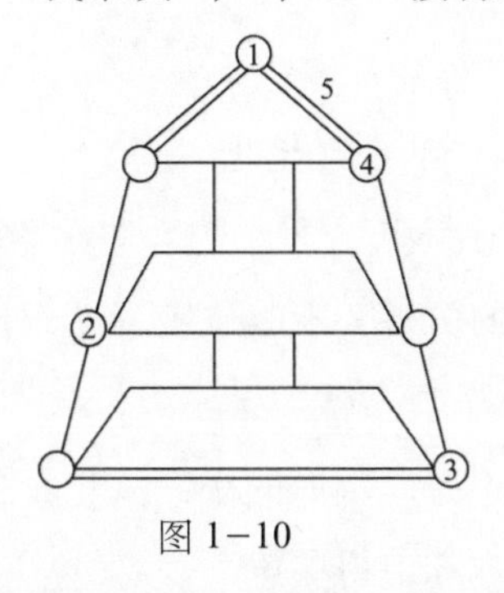

图 1-10

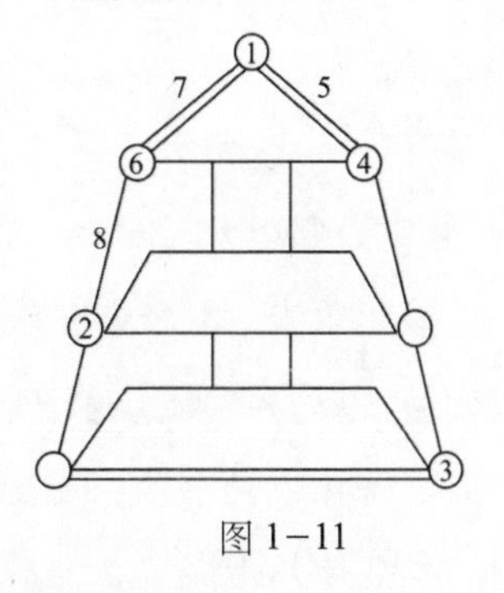

图 1-11

“我填 9，11，12。”木吒也填了 3 个数（图 1-12）。

“我把剩下的数都填上吧！”最后哪吒把图填完（图 1-13）。

图刚刚填好，只听“呼”的一声，罩子自动升起。

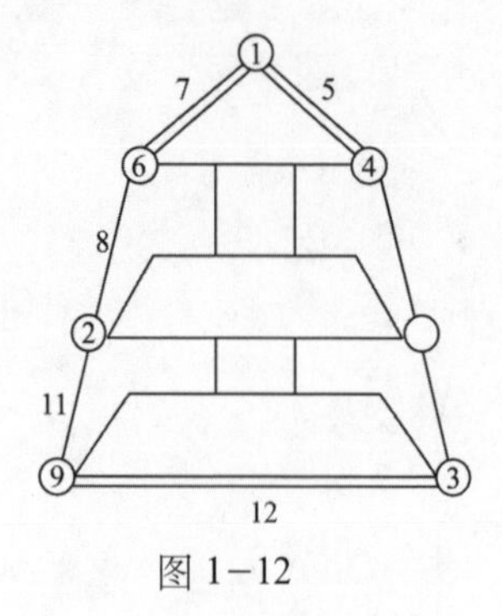

图 1-12

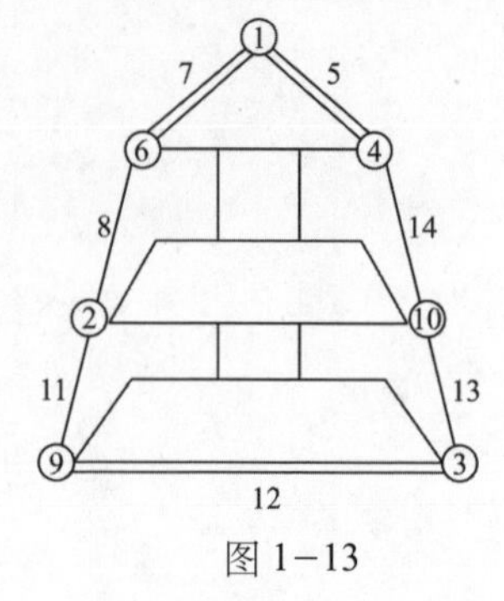

图 1-13

“嗨！”木吒脚下一使劲，身子腾空而起，刚想去拿宝塔，忽然，眼前红光一闪，3 个小红孩儿每人手中各拿一杆一丈八尺长的火尖枪，挡住了木吒的去路。另一个小红孩儿拿起宝塔，撒腿就跑。

木吒大叫：“宝塔被小红孩儿拿跑了！”

新式武器火雷子

哪吒一看父亲的宝塔被一个小红孩儿拿跑了，立刻火冒三丈。他对两个哥哥说：“你们俩去追那个拿宝塔的小红孩儿，这里的 3 个小红孩儿交给我了！”

“好！”金吒和木吒立刻去追那个拿宝塔的小红孩儿。

“变！”哪吒大喊一声，立刻变成了三头六臂，手中的 6 件兵器向 3 个小红孩儿杀去。3 个小红孩儿深知哪吒的厉害，不敢怠慢，立刻挺火尖枪相迎，“乒乒乓乓”杀在了一起。

放下哪吒暂且不谈，先说金吒和木吒追赶拿宝塔的小红孩儿。虽然前边的小红孩儿跑得快，但后面的金吒和木吒追得更急。

金吒边追边喊：“快把宝塔放下，可饶你不死。不然的话，我会把你碎尸万段的！”

“还不知道谁碎尸万段哪！”说完小红孩儿一扬手扔过一件东西。

“算你识趣，把宝塔扔过来了！”金吒高兴地刚要去接，一旁的木吒看清楚扔过来的不是宝塔，而是个圆溜溜的家伙。木吒不知扔来的是何物，怕中间有诈，情急之下，猛拉一把金吒：“快走！”两人跳出去老远。

两人刚刚跳出，先是一阵火光，接着“轰”的一声，圆溜溜的家伙炸开，一团大火在半空中猛烈燃烧。

金吒吓得瞪大双眼，站在那里呆若木鸡。木吒擦了一把头上的汗：“好险哪！”

小红孩儿看着他俩哈哈大笑：“怎么样，好玩吧？告诉你们，要记住了，这个宝贝叫‘火雷子’，是采太阳的精华经千年煅烧而成。我这里有好几个，你们俩要不要再尝一下？”说着左手托塔，右手伸进怀里好像在摸什么东西。

一看小红孩儿又要掏火雷子，金吒高喊一声：“快走！”拉起木吒，“嗖”的一声蹿出去老远。

小红孩儿哈哈一笑，冲他俩招招手：“我那火雷子是宝贝，我还舍不得给你们，拜拜！”说完脚底一溜烟跑了。

金吒和木吒由于害怕火雷子，不敢去追。金吒眼看小红孩儿拿着宝塔跑了，急得“哇哇”直叫。

这时，只听“咚”的一声响，从半空中扔下 3 个人来。金吒定睛一看，扔下来的是 3 个小红孩儿，个个背捆着双手。

原来，这 3 个小红孩儿和哪吒交手，没过 10 个回合就被哪吒打倒在地。哪吒将他们捆起来，带到了这里。

金吒说：“三弟，那个拿走父王宝塔的小红孩儿有火雷子。这火雷子厉害无比，他刚才扔出了一个；若不是二弟拉了我一把，说不定我早完了！他说他身上还有好几个火雷子哪！”

哪吒问小红孩儿：“那个拿走宝塔的小孩叫什么名字？”

3 个小红孩儿异口同声地回答：“叫红孩小儿。”

听到这个名字，木吒脸上露出诧异的表情。他心想：怎么会是他呢？红孩小儿究竟是好孩子，还是坏孩子？

哪吒又问："这个红孩小儿身上还有几个火雷子？这次，不许一齐回答，要一个一个地说。"

小小红孩儿说："他身上至少有 10 个火雷子。"

红小孩儿说："他身上的火雷子不到 10 个。"

红孩儿小说："他身上至少有 1 个火雷子。"

金吒一瞪眼，问："怎么你们 3 人说的都不一样，到底听谁的？"

小小红孩儿回答："我们 3 个人中只有一个人说了实话。"

再问，3 个小红孩儿闭口不答。

金吒问哪吒："三弟，你看怎么办？"

哪吒想了一下说："咱们分析一下。首先，这 3 个小红孩儿的回答中，只有一个是对的。以这 3 个小孩说话的先后顺序排序，这时有 3 种可能：'对、错、错'，'错、对、错'，'错、错、对'。"

木吒接着分析："第一种情况不可能。因为如果'他身上至少有 10 个火雷子'是对的，那么'他身上至少有 1 个火雷子'必然也是对的，这样就有两个对的了，所以第一种情况不可能。"

哪吒说："第三种情况也不可能。因为'他身上至少有 10 个火雷子'与'他身上的火雷子不到 10 个'中，必然有一个是对的，不可能都错，所以第三种情况也不可能。"

"只剩下第二种情况是对的了。"金吒开始分析，"第二种情况是'错、对、错'，就是说'他身上的火雷子不到 10 个'是对的。可是不到 10 个，有可能是 0 个、1 个、2 个、3 个一直到 9 个呀，到底是几个还是不知道呀！"

金吒分析半天，没分析出任何结果。3 个小红孩听了"哈哈"大笑。金吒恼羞成怒，举拳就要打，哪吒赶紧拦住。

哪吒说："大哥，你还没分析完哪！虽说'他身上的火雷子不到 10

个’是对的，但是‘他身上至少有 1 个火雷子’是错的，这说明红孩小儿身上 1 个火雷子都没有了。”

“哇！”金吒跳起有一丈多高，“红孩小儿在蒙咱们哪！他身上没有火雷子啦，那咱们还怕他什么？追！”

可是回头再找红孩小儿，已经踪影全无了。

金吒问 3 个小红孩儿：“红孩小儿跑到哪里去了？”

红小孩儿回答：“红孩小儿是我们 4 个人中最鬼的一个，他往哪里跑，谁也不知道。”

木吒突然想起，这个红孩小儿有个习惯，他到哪儿去，总喜欢把要去的地方编成一道数学题留下来。这次他会不会也这样做呢？

想到这儿，木吒开始在周围仔细地寻找。

金吒不知道他在干什么，就问：“二弟，你在找什么哪？”

木吒随口回答：“我也不知道我找什么哪！”

“嘿，真奇怪了！你不知道找什么，还怎么找啊？”

突然，木吒发现了一片竹片。他捡起翻过来一看，竹片背面密密麻麻写了好多字。

木吒高兴地说：“找到了！”

夺回宝塔

木吒发现了一片竹片，翻过竹片，只见背面写着：

> 要找我，先向北走 m 千米。m 在下面一排数中，这排数是按某种规律排列的：16，36，64，m，144，196。然后再向东走 n 千米，n 是下列数列 1，5，9，13，17……的第 100 个数，这列数也是有规律的。

金吒挠着自己的脑袋,说:“这列数有什么规律? 我怎么看不出来呀! ”

“首先这一排数都可以被4整除。对! 我先用4来除一下。”哪吒做了除法:

$$4,\ 9,\ 16,\ \frac{m}{4},\ 36,\ 49。$$

“要仔细观察除完之后的这一列数，看看它们有什么特点。嗯……”哪吒双手一拍，“看出来啦！这里面的每一个数，都是一个自然数的自乘。你们看，$4=2\times2$，$9=3\times3$，$16=4\times4$，$36=6\times6$，$49=7\times7$。”

“耶！规律找到了！”哪吒高兴地说，“这一列数的排列规律是：$16=4\times2\times2$，$36=4\times3\times3$，$64=4\times4\times4$，$144=4\times6\times6$，$196=4\times7\times7$。这中间缺了什么？”

木吒看了一下说:“缺$4\times5\times5$! 而$4\times5\times5=100$，m应该等于100。哇！找红孩小儿要先向北走100千米！”

金吒也想试试：“第二列数是1，5，9，13，17，…。从1到5，缺了2，3，4。从5到9缺了6，7，8。可是这些数有什么规律呢？”金吒摸着脑袋声音越来越小。

哪吒提醒说:“大哥，你别把注意力都集中在缺什么数上，要注意观察相邻两数。你看看相邻两数间隔了几个数？”

金吒赶忙说:“我会了，我会了。相邻两数之间，都间隔了3个数。1和5之间间隔了2，3，4；5和9之间间隔了6，7，8。因为$1=1$，$5=1+4$，$9=1+4\times2$，$13=1+4\times3$，$17=1+4\times4$，依此类推，第100个数为$1+4\times99=397$，$n=397$。”

“先向北追100千米，然后再向东追397千米。大哥、二哥，咱们追红孩小儿去！”哪吒一招手，兄弟三人腾空而起，向北追去。

兄弟三人正驾云往前急行，忽听有人在下面喊叫：“哪吒，哪吒，我在这儿！”

哪吒低头一看，正是红孩小儿在叫他。哪吒向二位哥哥说：“我下去看看。”说完他按下云头，落到地面。

哪吒问红孩小儿：“宝塔呢？”

红孩小儿没搭话，用手指了指旁边的一个山洞。哪吒走近几步，仔细观察这个山洞。洞口很小，直径有半米左右；看看，洞里黑咕隆咚；听听，洞里鸦雀无声。

金吒和木吒也凑了过来，金吒说：“三弟，我进去看看！”说完就要往洞里钻。哪吒一把拉住金吒：“大哥，慢着！”

金吒问：“怎么了？”

“留神洞里有诈！”哪吒说，“红孩儿十分狡猾，他擅长布置圈套，让别人来钻，我们不得不防。”

“那怎么办？难道咱们就在外面傻等着？”

“这个……”哪吒低头沉思了一会儿，“这样办！”

哪吒突然伸出右手，一把揪住红孩小儿的胸口把他从地上举起。

哪吒大声呵斥道：“好个红孩小儿，你和红孩儿串通一气，早在山洞里布置好了暗道机关，诱骗我们进去，好把我们消灭在山洞里。今天不能留着你，我要把你活活摔死！嗨！”随着一声呐喊，哪吒把红孩小儿高高举过头顶。

这一下可把红孩小儿吓坏了，他一边蹬腿，一边高喊：“师傅救命！圣婴大王救命！哪吒要把我摔死！”

“哪吒小儿住手！”随着一声叫喊，红孩儿从洞中飞了出来。他用手中的火尖枪一指哪吒：“哪吒！别拿我的小徒儿说事，有本事冲我圣婴大王来！”

“手下败将，还我宝塔！”哪吒手执乾坤圈迎了上去。金吒和木吒也不敢怠慢，各执武器围了上去，把红孩儿团团围在中间，好一场恶战！

十年不见，红孩儿的功夫大有长进，哪吒兄弟三人一时也奈何不了他，反而是红孩儿越战越勇。

突然，红孩儿大叫：“红孩小儿，快进洞把宝塔毁了！”

“是！”红孩小儿撒腿就往洞里钻。

木吒一看不好，手执铁棍立刻跳了过去，挡住了红孩小儿的去路。红孩小儿抽出双刀，和木吒战在了一起。

红孩小儿哪里是木吒的对手，几个回合下来，招数也乱了，气也喘了，头上的汗也下来了。激战中他突然向空中大喊：“师兄、师弟，快来救我！”

话音刚落，只听得“我们来了”，紧接着“嗖、嗖、嗖”三声，小小红孩儿、红小孩儿、红孩儿小从空中落下，四小红孩儿把木吒围在了中间。

正当两圈人马杀得天昏地暗时，突然西方闪出霞光万道，只见托塔天王李靖带领巨灵神、大力金刚、鱼肚将、药叉将等众天兵天将出现在空中。

李天王一指红孩儿：“大胆红孩儿，还不把宝塔归还于我？”

红孩儿“嘿嘿”一阵冷笑：“李天官，宝塔就在洞里，有本事自己进洞去取！”

哪吒在一旁提醒：“父王，红孩儿在山洞里布置好了暗道机关，万万不能上他的当！”

李天王眉头微皱，“嘿嘿”一笑：“雕虫小技，能奈我何？”说完口中念念有词，用手向山洞一指。只听“轰隆隆”震天动地一响，整个山被炸飞，一座顶天立地的宝塔出现在众人的面前。

“来！”李天王向宝塔轻轻招了招手，宝塔腾空而起，轻飘飘地向李天王手中飞来。宝塔越变越小，最后变成一座金光闪闪的小宝塔，落入李天王的手掌之中。

红孩儿一看此景，知大势已去，长叹一声，带着四小红孩儿化作一道红光，向南方逃去。

哪吒刚想去追，李天王摆摆手：“放他一条活路吧！”说完带领三个儿子和众天兵天将，班师回朝。

2. 数学猴和猪八戒

卫兵排阵

数学猴是一只小猕猴，鼻子上架着一副小眼镜，上穿 T 恤衫，下穿牛仔裤，脚蹬耐克鞋。小猕猴聪明过人，又喜欢数学。由于长期学习数学，数学水平不低，凡事都要用数学来解决，人送外号“数学猴”。

一日，数学猴正在树林里散步，忽然听到后面有人喊：“大师兄救命！”

数学猴回头一看，只见猪八戒在前面跑，几只蚊子精在后面猛追。

猪八戒边跑边喊：“猴哥，救命！我快被蚊子咬死了！”

数学猴不敢怠慢，立刻拿出“蚊虫喷杀剂”，对猪八戒说：“老猪，快藏到我身后。”

数学猴高叫：“瞧我的厉害！”“噗——”猛喷“蚊虫喷杀剂”。

蚊子精呼喊：“啊，没命啦！”蚊子精纷纷落地。

猪八戒握住数学猴的手，说：“感谢大师兄救命之恩！”

数学猴摇摇头说：“老猪，你认错人啦！我不是你大师兄孙悟空。”

猪八戒仔细端详数学猴："嘿，你还真不是我的大师兄。孙猴子不戴眼镜，孙猴子不穿T恤衫和牛仔裤，孙猴子没有耐克鞋，总之，孙猴子没有你酷！不过，你是猴子，凡是猴子都是我的师兄，你就算我的小师兄吧！我说小师兄，你叫什么名字？"

"大家都叫我数学猴。"

"数学猴？"猪八戒笑着说，"小师兄的数学肯定不错！"

数学猴笑了笑："马马虎虎。"

猪八戒犯困了："呵——真困哪！"

"困，你就睡吧！"

"不敢哪！我老猪睡着了就打呼噜，妖精听到猪的呼噜声，还不来吃我？"

"那怎么办？"数学猴也犯难了。

"有办法了！"猪八戒眼睛一亮，"我学大师兄，在地上画一个魔阵，我躺在魔阵里面睡，可以高枕无忧了！"说完就在地上画了一个4×4的方阵（图2-1）。

图2-1

数学猴问："你画的魔阵有魔力吗？"

猪八戒遗憾地摇摇头："我没有孙猴子的法力呀！我画的阵一点魔力也没有！"

"那还是没用啊！"

猪八戒眼珠一转："嘿，我有办法啦！你等着。"没过多大一会儿，猪八戒带来山羊、小熊、兔子和松鼠各一只。

猪八戒指着 4 只动物高兴地说："哈，我带来 4 名卫兵，让他们给我站岗放哨，我就可以在方阵里睡大觉啦！"

山羊和兔子问："我们站哪儿放哨？"

"这 4×4 的魔阵有 16 个方格，让他们站在哪儿最好呢？"猪八戒开始挠头。

猪八戒问数学猴："小师兄，你数学好，你给出个主意，怎么排好？"

数学猴眨巴一下眼睛："你排方阵是为了睡觉安全，最好的排法是，每行每列都能有 1 名卫兵，这样妖精不管从哪个方向来，都能有卫兵发现。"

猪八戒"嘿嘿"一乐："原来数学猴也犯糊涂，方阵的每行每列都能有 1 名卫兵需要 16 名呀！我只有 4 个兵，不够啊！"

数学猴解释说："我是说每行每列都能有 1 名卫兵，并没说每个格里都要 1 名卫兵啊！"

"是这么个理。"猪八戒问，"你说的排法当然好，可是谁会排呀？"

"我会啊！"说着数学猴就排出了一种排法（图 2-2）。

猪八戒认真看了看，一竖大拇指："高！果然每行、每列都有 1 名卫兵。"

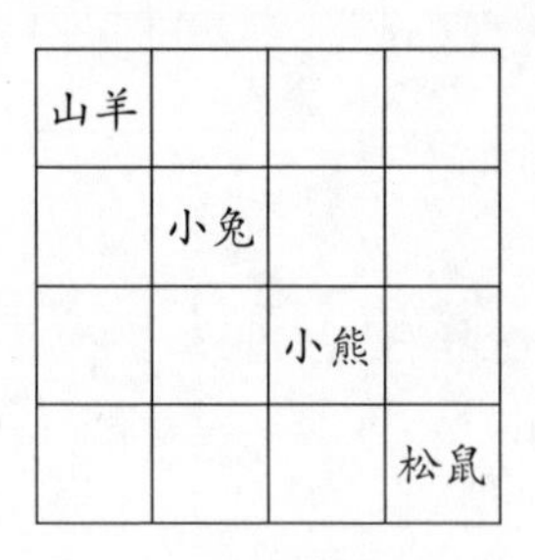

图 2-2

"这不算什么，其实可以有 576 种不同的排法。"

“什么？有 576 种？”猪八戒瞪大了眼睛，“吹牛！我夸你两句，你就开始吹牛了。”

数学猴并不生气，他问：“我问你，4 名卫兵我们一个一个来放，先放山羊。由于 16 个格里哪个都可以放，一共有 16 种不同的放法，对不对？”

“对！”

数学猴又问：“当把山羊的位置确定之后，比如固定在左上角。这时，最上面一行，最左边一列是不是就不用再放卫兵了？（图 2-3）”

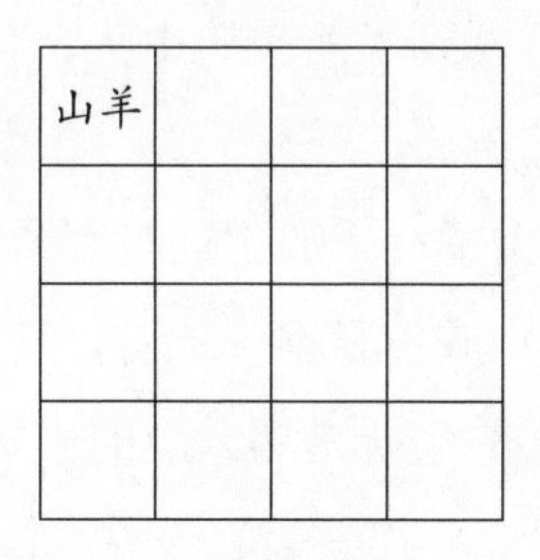

图 2-3

“我想想，”猪八戒对着方阵图比划，“最上面一行，横着看，能看到一只羊。最左边一列，竖着看，也能看到一只羊。不错，放上一只羊，可以管一行和一列。”（图 2-3）

数学猴又说：“把羊放好之后，第 2 个该放兔子了，这时只剩下 9 个格子可以挑选了。”

“对！因为最上面一行和最左边一列有羊看管着，就不用再放卫兵了。”

“同样道理，小熊只有 4 个格子可以挑选，而松鼠只能站在右下角的格子里了。这样一来，一共就有 $16\times9\times4\times1=576$（种）排法。”

猪八戒拍拍数学猴的肩膀：“小师兄，你的数学可比我大师兄孙悟空强多啦！看来我可以睡一个安稳觉了。”

八戒除妖

“八戒，你安心睡吧！再见了！拜拜！”数学猴刚想走，猪八戒急忙拦住他。

猪八戒说：“咱俩不能‘拜拜’。你还要和我一起去除妖哪！”

“除妖？”数学猴摇摇头说，“我不会法术，怎么和你一起去除妖？”

“你会数学就成！”

猪八戒拉着数学猴往天上一指说：“刚才我看见天上飘来一片黑云，上面站着许多小妖。黑云飘到了前面的山头，有三分之一的小妖下了黑云，其中男妖比女妖多 2 个。”

“下来的小妖奔哪儿去了？”数学猴有点紧张。

“你听我说呀！”猪八戒不紧不慢地讲，“有下的就必然有上的，然后又上去几个小妖，上去的小妖是黑云上的小妖数的三分之一，上去的女妖比男妖多 2 个。”

数学猴忙问：“这时你数过黑云上有多少个小妖了吗？”

“数啦！黑云上这时还有 32 个小妖，其中男妖、女妖各一半。”

“你想知道什么？”

猪八戒说：“我就想知道最初黑云上有多少个小妖，其中有多少个男妖、多少个女妖？”

“小妖又上又下，有男有女，真够复杂的！”数学猴说，“不过没关系，我用倒推法分两次给你算。”

“分几次都没关系，只要能算出来就行。”猪八戒说。

“先算从黑云上面下去几个小妖后，新的小妖还没上去前黑云上的小妖数。”

“怎么算？”猪八戒对数学也产生了兴趣。

数学猴说：“我把这时的小妖数设为 1。由于后来又上去了三分之一，黑云上的小妖变成了 $1+\frac{1}{3}=\frac{4}{3}$。这$\frac{4}{3}$是 32 个，可以求出小妖还没上去时，黑云上的小妖数为 $32\div\frac{4}{3}=24$(个)。”

猪八戒忙问：“几男，几女？”

数学猴说：“$32-24=8$(个)，这说明上去了 8 个小妖才变成了 32 个。而上去的小妖是女的比男的多 2 个。可以肯定 8 个中有 5 个女的，3 个男的。”

“我也学着算吧！”猪八戒说，“32 个小妖中男妖、女妖各一半，女妖有 16 个，上去了 5 个女的才有 16 个，说明在 24 个中，有 $16-5=11$(个) 女妖。男妖就是 $24-11=13$(个)。”

“算得好！”数学猴夸奖说，“人家都说猪脑子笨，我看八戒够聪明的！”

“承蒙夸奖！”猪八戒问，“可是最初黑云上有多少个妖怪，以及有多少个男妖？多少个女妖？我还是不知道啊！”

“别着急，咱们接着算。”数学猴说，“我还是设最初的小妖数为 1。”

“慢！”猪八戒拦住，“你刚才已经设了 1 了，怎么这儿又设 1？”

数学猴解释：“我设的这个 1，其实是 1 份的意思。从黑云下去了三分之一的小妖，黑云上还有多少个小妖？”

猪八戒想了一下：“嗯——我知道了，刚才算出来黑云上的小妖有 24 个，其中男的 13 个，女的 11 个。”

数学猴说：“说得对！下去了三分之一的小妖，黑云上还剩 $1-\frac{1}{3}=\frac{2}{3}$，这$\frac{2}{3}$是 24 个小妖，最初的小妖数是 $24\div\frac{2}{3}=36$(个)。”

猪八戒问：“最初的男妖、女妖各有多少呢？”

“$36-24=12$，说明下去了 12 个小妖。而这 12 个小妖中，男的比女的多 2 个。可以知道男的 7 个，女的 5 个。”

猪八戒赶紧说：“我会算了！最初男妖有 13＋7＝20(个)，女妖有 11＋5＝16(个)。还是男妖比女妖多。”

数学猴有点不明白：“八戒，你为什么如此关心女妖？”

猪八戒有点不好意思：“我见了女的就全身无力，我打不过女的！这次你去消灭那 16 个女妖，我去对付那 20 个男妖！”

猪八戒说完拿着钉耙就去追赶妖精：“20 个男妖给我留下，我一耙一个，都把他们耙成筛子！”

女妖们问猪八戒：“那，谁和我们过招儿？”

猪八戒一指：“你们去找那个数学猴！”

女妖们一声怪叫，齐奔数学猴：“数学猴快来接招！”

数学猴一捂脑袋：“哇！我怎么办哪？硬着头皮上吧！”

边打边换

数学猴刚和女妖交上手，猪八戒就慌慌张张地跑来：“不好啦！小猴哥救命！”

数学猴问：“八戒，怎么啦？”

猪八戒向后一指，只见一个四手怪追来，四手怪 4 只手分别拿着宝剑、砍刀、狼牙棒、大锤。

四手怪大叫：“猪八戒你哪里走！”

数学猴不解：“八戒，你那么大本领，会打不过他？”

猪八戒抹了一把头上的汗：“如果他好好跟我打，他哪里是俺老猪的对手？可是他边打边换手里的武器。你看他现在 4 只手拿武器的顺序是宝剑、砍刀、狼牙棒、大锤。你再看我和他打上一场！”

猪八戒迎上前去，抡耙就打：“四手怪，吃俺一耙！”

四手怪叫道：“看我的变化！”刹那间四手怪 4 只手拿武器的顺序变

成了狼牙棒、宝剑、大锤、砍刀。

猪八戒说："他这一换手，我的眼就有点花，头就有点晕！他 4 件武器一齐上，我就不知道对付哪件武器好了！"说着猪八戒的腿上就被大锤打了一锤，猪八戒"哎呀"一声，倒在了地上。

四手怪不断变换 4 只手拿武器的顺序："哇！我 4 只手拿武器的顺序变化无穷，让你猪八戒晕死为止！哈哈！"

猪八戒对数学猴说："小猴哥，你给算算，这四手怪 4 只手拿武器的顺序，真是变化无穷吗？"

数学猴说："可以算出来。为了简化问题，可以先让他第一只手固定拿着宝剑，而让其他 3 只手变换拿法，这时有 6 种拿法（表 2−1）。"

表 2−1

拿法	第一只手	第二只手	第三只手	第四只手
1	宝剑	砍刀	狼牙棒	大锤
2	宝剑	砍刀	大锤	狼牙棒
3	宝剑	狼牙棒	砍刀	大锤
4	宝剑	狼牙棒	大锤	砍刀
5	宝剑	大锤	狼牙棒	砍刀
6	宝剑	大锤	砍刀	狼牙棒

猪八戒的脸色由多云转晴："咳，才有 6 种拿法，不多，不多！"

数学猴提醒："这只是在第一只手拿着宝剑固定不变的条件下有 6 种。"

猪八戒忙问："如果第一只手不固定拿着宝剑呢？"

数学猴说："第一只手固定拿砍刀有 6 种，拿狼牙棒有 6 种，拿大锤有 6 种。一共 $6\times4=24$(种)。"

猪八戒来了精神："只要他的变化有数，我就不晕。四手怪，看我的变化！长！"猪八戒突然又长出 2 只手，4 只手拿着 4 把钉耙。

猪八戒的 4 把钉耙和四手怪的 4 件武器，一对一地打在了一起："叮！叮！""当！当！"

猪八戒一用力，把四手怪的 4 件武器全钩了过来："你别瞎换喽，都给我过来吧！"

四手怪大惊："啊，我的家伙全没了！"趁四手怪愣神的工夫，猪八戒赶上去就是一耙："吃俺老猪一耙！"

四手怪大吼一声："啊——没命了！"猪八戒打死了四手怪。

猪八戒晃了晃脑袋，问："20 个男妖，我打死 1 个还剩多少个？"

数学猴乐弯了腰："哈哈，八戒，你是杀晕了吧？ 20 减 1 这么简单的减法都算不出来？还剩 19 个呀！"

猪八戒一本正经地问："我要把这 19 个小妖平均分成 4 等份，每份几个小妖？"

"这——"数学猴愣了一下，"如果不把其中的一个小妖劈成四等份，是没法分的。"

猪八戒摇头晃脑地说："我有一个习惯，必须把小妖平均分成 4 份，我一份一份地消灭！你算不出来，这些小妖可全归你啦！"

数学猴眼珠一转："按每份 5 个算，你打吧！"

"好啦！杀——"猪八戒和 5 个小妖战在了一起。打死 5 个小妖，又去找 5 个小妖打。不一会儿，小妖死伤一地，最后只剩下 4 个男妖。

猪八戒问："这最后一组怎么只有 4 个男妖了？ 4 个我怎么打法？"

数学猴说："没关系，我给你补上一个女妖就正好 5 个。"

猪八戒听说女妖："什么？女妖？我的妈呀！快跑吧！"说完撒腿就跑。

数学猴摇摇头："八戒见到女妖就跑，什么毛病？"

智斗蜘蛛精

猪八戒没跑几步就被蜘蛛精、狐狸精、老鼠精、蛇精 4 个女妖围在了中间。

蜘蛛精尖声叫道：“大耳朵和尚，你往哪里走！”

猪八戒大吃一惊：“啊！ 4 个女妖！”4 个女妖排成一个方阵（图 2−4），把猪八戒围在中央，各持武器齐攻猪八戒。

图 2−4

蛇精呼喊着：“杀死猪八戒，吃红烧猪肉！”

“吃俺老猪的肉还不行，还要红烧一下，”猪八戒生气啦，“俺老猪不愿意和你们这些女妖斗，难道还真怕你们不成？看耙！”猪八戒抡耙就砸。

看到猪八戒的钉耙砸来，蜘蛛精喊道：“姐妹们，变阵！”

3 个女妖齐声答道：“是！”4 个女妖的位置发生了变化（图 2−5）。

图 2−5

蜘蛛精又喊：“姐妹们，变！变！变！”4 个女妖的位置不断地变化，猪八戒又开始头晕了。

猪八戒捂着脑袋，高叫：“哎呀！晕死我了！”

猪八戒败下阵来，他拖着钉耙来找数学猴。

“小猴哥，救命！晕死我了！”

“八戒，不要怕！这 4 个女妖谁是头？”

“发号施令的是蜘蛛精！”

“擒贼先擒王，你集中力量打蜘蛛精！”

听说打蜘蛛精，猪八戒来了脾气：“你站着说话不腰疼！她们 4 个女妖位置乱换，我知道蜘蛛精在哪个位置上？我往哪儿打呀？”

数学猴说：“她们位置看起来好像是乱换，其实它的变化是有规律的。八戒，你再去和她们战上几个回合。”

猪八戒极不情愿地前去战斗：“我如果一喊‘晕’，你可马上来救我！”

数学猴点头：“你一晕就下来。”

猪八戒抡起钉耙直奔 4 个女妖杀去：“我老猪吃了抗晕药了，现在已经不晕了，再和你们大战 300 回合！看耙！”

猪八戒又和 4 个女妖战在了一起。

蜘蛛精下令：“姐妹们，准备变阵！变！变！变！”女妖又开始不断变阵，数学猴在一旁记录。

猪八戒又有点招架不住，他喊着：“小猴哥，你快记，我又犯晕啦！”

猪八戒拖着钉耙败下阵来：“不成了，晕死我啦！”

数学猴扶住猪八戒，说：“你没白晕，我找到她们的变化规律了！”

数学猴拿出画的图（图 2−6）给猪八戒讲：“为了研究方便，我把每个位置都编上一个号，她们是这样变化的。”

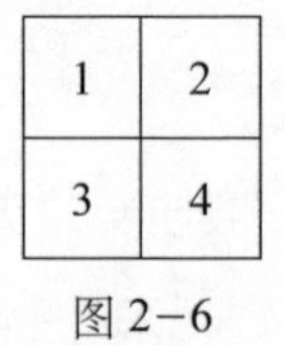

图 2−6

猪八戒摇晃着脑袋："看不懂！"

数学猴解释说："蜘蛛精刚开始时在 3 号位置，她的变化规律是 3—1—2—4—3。是按顺时针方向转动（图 2-7），每变化 4 次又回到原来的位置。"

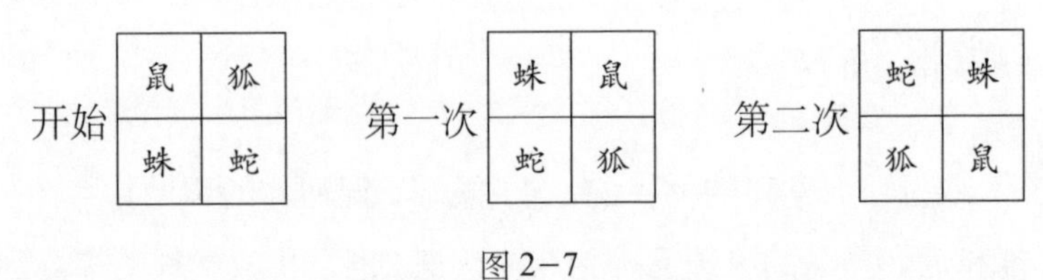

图 2-7

猪八戒两手一摊："找到规律有什么用啊？她们一变阵，我还是不知道蜘蛛精在哪儿呀！"

数学猴说："你把 4 个位置号码记住，她们每变一次阵，你就喊一次，我让你往哪个位置上打，你就往哪个位置上打！怎么样？"

"行！"猪八戒和 4 个女妖打在了一起。

猪八戒边打边喊："一次变阵——二次变阵……十次变阵。"

数学猴忙喊："往 2 号位置上打！"

猪八喊狠命往 2 号位置打了一耙："蜘蛛精，你看耙吧！"

只听"嘭"的一声，蜘蛛精惨叫："啊——完了！"猪八戒把蜘蛛精打死了。

其他女妖见头目已经死了，一哄而散："快跑！"

猪八戒拍着数学猴的肩头："小猴哥，你还真有两下子！你是怎么算的？"

数学猴说："她们位置的变化 4 次为一个循环。蜘蛛精的位置变化规律是：变一次时她在 1 号位置，变两次时在 2 号位置，变三次在 4 号位置，变四次在 3 号位置……"

猪八戒问："你怎么知道第十次变阵，蜘蛛精准在 2 号位置？"

“在她变到第十次时，我就做了一个除法：10÷4＝2……2。余数是几，她准在几号位置，现在余数是2，她肯定在2号位置！”

猪八戒一挑大拇指：“小猴哥办法真高！”

公蜘蛛报仇

猪八戒拉住数学猴的手，说：“小猴哥，谢谢你的帮助！”

“能和大名鼎鼎的天蓬元帅猪八戒认识，也是我数学猴的福分。我还有事，八戒再见啦！”数学猴和猪八戒分手了。

猪八戒扛着钉耙，嘴里哼着小曲，独自往前走：“打死妖精多快活！啦啦啦！再找点好吃的多美妙！啦啦啦！”

突然一只大蜘蛛精拦住了八戒的去路：“该死的猪八戒，竟敢打死我的爱妻！拿命来！”

“哈，我打死一只母蜘蛛精，这又来了一只公蜘蛛精。我让你和你老婆作伴去吧！看耙！”八戒和公蜘蛛精打在了一起。

两人大战了有100回合，八戒渐渐不是对手。

八戒心想：我只长了2只手，你却长有8条腿，我顾上顾不了下，顾左顾不了右呀！

“三十六计，走为上。我跑吧！”八戒虚晃一耙，转身就跑。

公蜘蛛精大叫：“猪八戒，你哪里跑！”紧紧追赶。

猪八戒跑得呼哧带喘，突然迎面来了几只蜻蜓精，个个都有三层楼高，堵住了八戒的去路。

蜻蜓精大喊：“猪八戒，你哪里走！”

八戒大吃一惊：“呀！这么大个的蜻蜓！我换条路跑。”

八戒另找逃跑的道路，又被几只蝉精拦住了去路。

蝉精喝道：“此路也不通！”

八戒边跑边叫："小猴哥救命！"

公蜘蛛精说："别说叫小猴哥，就是叫大猴哥也没用啦！"蜘蛛精、蜻蜓精、蝉精在后面紧追不舍。

数学猴出现了，他一把把八戒拉进山洞里："八戒，快进山洞！"

看见了数学猴，八戒忙说："小猴哥救命！"

数学猴说："蜘蛛、蜻蜓、蝉都怕鸟。我们必须请鸟来帮忙！"

八戒催促："那你就快点请鸟来吧！"

数学猴问："你必须告诉我有多少只蜘蛛精、蜻蜓精和蝉精，我好决定请多少只不同种类的鸟来吃他们。"

八戒想了想："我只记得这 3 种妖精总共是 18 只，共有 20 对翅膀，118 条腿。"

"我来算算。蜘蛛有 8 条腿，蜻蜓有 6 条腿和 2 对翅膀，蝉有 6 条腿和 1 对翅膀。"数学猴开始计算，"假设这 18 只都是蜘蛛精，应该有 $8\times18=144$(条) 腿。实际腿数少了 $144-118=26$(条)，蜻蜓或者蝉比蜘蛛少 2 条腿，$26\div2=13$，说明 18 只中有 13 只是蜻蜓或蝉。"

八戒也算："$18-13=5$，这里有 5 只蜘蛛精！对不对？"

"对！假设这 13 只都是蜻蜓精，应该有 $2\times13=26$(对) 翅膀。"

八戒抢着说："实际上只有 20 对翅膀，每只蜻蜓精比蝉精多出一对翅膀，$26-20=6$(对)，说明其中有 6 只是蝉精。$13-6=7$(只) 蜻蜓精！"

数学猴点点头："行！八戒数学有长进！"

数学猴用手做喇叭状，向天空叫喊："噢——噢——鸟儿快来呀！"

"呼啦啦"空中飞来了一大群鸟。

为首的凤凰招呼同伴："这有蜘蛛、蜻蜓、蝉，都是好吃的！快吃呀！"

众鸟呼应："吃呀！吃呀！"

公蜘蛛精长叹一声：“完了，克星来了！”没一会儿，蜘蛛精等被消灭了。

分吃猪八戒

猪八戒高兴极了：“哈哈！鸟儿一到，把蜘蛛精、蜻蜓精、蝉精都消灭了！”

突然从山洞窜出一胖一瘦两只狼精。

瘦狼精心中窃喜：“嘻！肥头大耳的猪八戒。”

胖狼精咽了一口口水：“一顿美餐！”

胖狼精趁八戒不注意，一把将八戒拉进了山洞：“乖乖，跟我进来吧！”

八戒高喊：“小猴哥救命！”

“八戒！”数学猴刚想进洞救八戒，瘦狼精就把山洞门关上了。

瘦狼精说：“请留步，猴子太瘦，白送我们都不吃！”

进洞后，胖狼精把八戒捆在石柱上，瘦狼精在大锅里烧开水。

胖狼精催促说：“老弟，快烧水，好炖猪肉啊！”

瘦狼精点点头：“好的！我也饿着哪！”

八戒问：“你们俩是准备一次把我都吃了？还是分几次吃？”

胖狼精捋了一下袖子：“过过瘾，一次吃完了算啦！”

瘦狼精却不同意：“别那么奢侈啊！好日子也不能一天过了，咱俩第一次多吃点，吃了他的一半再多 5 千克。第二次少吃点，吃剩下的一半再少 10 千克。最后还要剩下 75 千克。”

胖狼精摇摇头：“你真抠门！那第一次咱们才能吃多少肉啊？”

“我算算。”瘦狼精说，“必须先求出猪八戒有多重。”

“怎么算？”

瘦狼精说："要用倒推法，从后往前算。第二次吃完还剩下 75 千克肉，那么第一次吃完还剩下多少呢？剩下 (75－10)×2＝130(千克)。"

胖狼精有点傻，他问："为什么这样做？不明白。"

瘦狼精解释："由于'第二次是吃第一次剩下的一半再少 10 千克，才最后剩下了 75 千克'，因此，这 75 千克一定比剩下的一半多出 10 千克。从 75 千克中减去 10 千克，必然是第一次剩下的一半。"

胖狼精有些明白："把这一半再乘以 2，就是第一次吃剩下的一半了。明白了。"

瘦狼精接着算："猪八戒有多重呢？由于 130 千克比猪八戒的一半还少 5 千克，所以猪八戒的质量是 (130＋5)×2＝270(千克)。"

胖狼精掰着手指算："这么说，第一次吃 135＋5＝140(千克)，第二次吃 65－10＝55(千克)，最后剩下 75 千克。"

瘦狼精说："就是这么一笔账！"

胖狼精有个问题："咱们算出猪八戒有 270 千克，他有那么重吗？"

瘦狼精十分肯定地说："我看只重不轻。"

数学猴在洞外"咚咚"敲门："快开门！快放出猪八戒！"

瘦狼精接着烧开水，胖狼精继续磨刀。

瘦狼精朝外面喊："小猴子，老实在外面等着，待会儿赏你几根猪毛尝尝！"

胖狼精笑着说："哈哈！吃猪毛？别有一番味道！"

数学猴一看，叫门没用，转身走："你们俩等着，我去找老熊去！"

胖狼精听说找老熊，心里一惊："不好！老熊身强体壮，咱俩做的门，他一撞就开！"

八戒听了可高兴了："哈！撞开门，我就有救啦！"

瘦狼精眉头一皱："别慌！老熊有勇无谋，我们只能以智取胜！"

胖狼精问："怎么以智取胜？"

瘦狼精先写出一个除法式子，然后说："你看！这'密'字是一位数字（图 2−8）。"

```
         密密
密密 ⟌ 密 2 密
       密密
       ─────
         密密
         密密
       ─────
            0
```

图 2−8

瘦狼精说："老熊须解出这个'密'字代表哪个数字，才能进洞！"

胖狼精一竖大拇指："好主意！老熊的数学还不如我哪！"

数学猴引着老熊来到洞前，数学猴往洞里一指："猪八戒就在洞里。"

老熊刚要撞门，突然一愣："这里还有算术？"老熊看到洞门上的除法算式就傻了。

救出猪八戒

老熊摇头说："我有劲，可是不会解数学题。"

"我来解。"数学猴指着除法算式解释，"这个'密'字到底代表哪个数字，必须通过计算才能知道。"

老熊说："你算，我看。"

数学猴："你说，最后余数为 0，说明什么？"

老熊摇摇头："不知道。"

数学猴解释："这说明三位数'密 2 密'可以被二位数'密密'整

除，商是‘密密’。”

老熊摇晃着脑袋说：“这都是什么乱七八糟的，都把我弄糊涂了！”

数学猴很有耐心，他在地上边写边说：“根据乘法和除法互为逆运算的道理，密密×密密＝密2密。这里‘密’字最大只能取3。”

老熊把脖子一梗，来了熊劲儿：“我偏要取4，会怎么样？”

“上面的乘法是两个两位数相乘，得一个三位数。如果这两个乘数的十位数都是4，乘积必然是四位数了。”

老熊点头：“对，四位数就不是‘密2密’了。”

数学猴开始具体算：“我先试试‘密’字取3怎么样？33×33＝1089。”

老熊连连摇头：“不成，不成！这里出现了四位数了。”

“再试‘密’字取2，22×22＝484。”数学猴说，“这个也不成，因为两个乘数都是22，而乘积是484，这里2和4不一样啊！4不是‘密’字，2才是‘密’字。”

老熊说：“就剩最后一个1了。”

“11×11＝121，嘿！这个成了。”数学猴高兴地跳了起来。

“哈哈，终于成功啦！”老熊用1替换除法算式中的“密”字（图2−9）。

$$
\begin{array}{r}
11 \\
11\overline{)121} \\
\underline{11} \\
11 \\
\underline{11} \\
0
\end{array}
$$

图2−9

老熊一推门，山洞门就开了：“嘿，门真开了！”

数学猴忙说：“快进去救八戒！”

胖狼精一看老熊闯了进来，双臂用力大喊一声：“呀——呀——长！”胖狼精变成一条巨狼，张口来咬：“我吞了你们！”

老熊也不含糊：“难道我还怕你不成？长长长！”老熊也长成一个顶天立地的巨熊。

巨熊挥起一拳：“尝我一拳！”“咕咚！”一声把巨狼打翻在地。

胖狼精大叫：“哎呀！我再胖也没用！”

瘦狼精心想：胖狼精都不是老熊的对手，我更不成！我赶紧溜吧！“呀——呀——缩！”瘦狼精变成一只小狼，企图溜走。

老熊早就看在眼里：“就算你变成耗子大小，也别想跑！”老熊伸手把变小的瘦狼精抓在手中。

瘦狼精直蹬腿：“熊爷爷饶命！”

老熊狠狠地说：“去你的吧！害人精！”老熊用力往地上一摔，只听“砰”的一声把瘦狼精摔死在地。

“八戒，我来救你！”数学猴救下八戒。

八戒感谢老熊：“要不是老熊和小猴哥来救我，我上半段已经被他们吃了，我下半段被他们第二次吃，我中段给他们腌起来等着慢慢吃。”

数学猴说：“八戒，没我什么事了，咱们再见吧！”

八戒说：“恐怕过不了多久，我还得叫你！”

四猪比高低

八戒扛着钉耙哼着小曲在路上走着：“没被老狼吃掉多快乐，多呀多快乐！”

突然，八戒闻到阵阵香味，肚子立刻发出“咕噜咕噜”的声音。

八戒吸了吸鼻子：“哎，哪来的香味？真香呀！我肚子饿极了。”

八戒往四周张望，发现有 3 只猪精正围在一起烤 1 只兔子，这 3 只猪精分别是野猪精、花猪精、白猪精。

八戒咽了咽口水，凑了过去："嘿，烤兔肉，真香哪！"

野猪回头看了一眼猪八戒，说："香也不给你吃！"

八戒一听没自己的份儿，心里十分不快，他和 3 只猪精论理："我乃赫赫有名的猪八戒！你们没听说过'见面分一半'吗？"

没等猪八戒说完，花猪精就说："分一半？美了你！这么一只小兔子，我们还没法分哪！你来算老几啊！"

八戒眼珠一转，心想还是先礼后兵："你说得在理！这么一只小兔子分成几份，每人吃那么几口，只能逗出馋虫来！"

白猪精问："那你说怎么办？"

八戒说："我有个好主意！咱们 4 个来比试武艺，每 2 只猪之间都要比试一次，不许战平，谁胜的场次最多，谁就是猪王，这只烤兔子当然应该给猪王吃啦！"

"好主意！我正手痒痒，拿你练练手吧！看钩！"野猪精抽出虎头双钩，直奔八戒杀去。

八戒说了一句："来得好！烤兔子归我喽！"举起钉耙迎了上去。

"杀！""杀！"八戒和野猪精，花猪精和白猪精分别厮杀起来，直杀得天昏地暗。

杀了有一个时辰，八戒渐渐不是野猪精的对手，八戒赶紧喊了一声："换！"八戒则和花猪精，野猪精和白猪精杀在了一起，"杀！""杀！"

野猪精端着虎头双钩，朝天大笑："哈哈！猪八戒战败了！"

又战了有一个时辰，野猪精让大家住手："停！咱们一对一地都打完了，谁胜的场次最多要算一算呀！"

八戒累得直喘气，巴不得歇会儿："对！算完了好吃烤兔子肉啊！"

野猪精神气十足地说："反正我是战胜猪八戒了！"

白猪精想了想，说：“我记得野猪精、花猪精和我胜的场次是相同的。”

花猪精双手一摊：“可是咱们4个谁会算哪？”

八戒凑前一步：“咱们4个都是傻大黑粗的笨家伙，谁也不会算。可是我有一个小猴哥，嘿！那数学就别提多棒了！我这就叫他来。”

八戒扯着脖子喊：“数学猴！小猴哥！你快来，我有要紧事找你！”

没过多大一会儿，数学猴从树上跳了下来：“八戒，什么事？是不是又遇到妖精啦？”

“既是妖精又是同类。”八戒说，“请你帮忙算一算，我们4个谁胜的场次最多。”

数学猴一边听他们说战斗的结果，一边在地上画图（图2–10）。

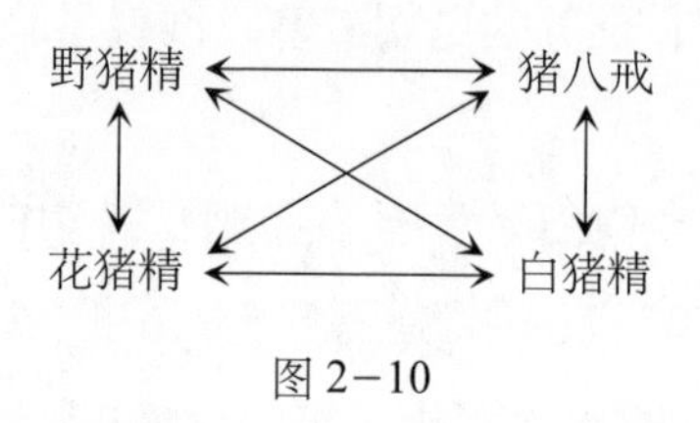

图2–10

数学猴指着图说：“从图上可以看出来，你们一共比试了6场。”

数学猴分析：“由于你们每只猪都要比试3场，因此每只猪获胜的场次可能是0场、1场、2场、3场。”

野猪精点头：“对！”

八戒却着急：“你快告诉我胜了几场吧！”

数学猴指着猪八戒说：“知道你已经败给了野猪精一场，八戒你获胜的场次只能是2场、1场或0场。”

八戒一扬头：“我一定是胜了2场！”

数学猴继续分析：“由于比试了6场，又规定不许战平，因此有6场胜利。如果你八戒胜了2场，他们3个一共胜了4场，可是他们胜的场次相同，而 4 又不能被 3 整除，所以你胜 2 场是不可能的。”

八戒有点不服：“我没胜 2 场，肯定胜了 1 场！”

“你如果胜 1 场，他们一共胜了 5 场，5 也不能被 3 整除啊！结论只能有一个，你胜了 0 场，也就是说，你全败！”

八戒一听自己一场没胜，眼珠一转：“一场没胜，烤兔子也要归我！馋死我啦！”说完拿起了烤兔子，撒腿就跑。

野猪精急了：“他抢兔子，追！”3 只猪精在后面紧紧追赶。

早点上西天

数学猴和猪八戒一起逃跑，八戒边跑边吃烤兔子：“烤兔子真香！你来一口。”

数学猴摇摇头：“我不吃。听人家说，你八戒功夫不错啊，怎么会打不过 3 只小小的猪精？”

八戒一脸苦相：“我肚里没食啊！你没听说‘猪是铁，饭是钢’嘛！”

“不对！是‘人是铁，饭是钢’！你吃多少个馒头就能打败他们？”

“有馒头？我吃不了多少！我先吃 24 个，再吃 37 个，吃 15 个，吃 16 个，吃 45 个，最后用 13 个馒头溜溜缝儿，就差不多了！”

数学猴大吃一惊：“世界头号饭桶！我算算你要吃多少个馒头吧！

$$\begin{aligned}&24+37+15+16+45+13\\=&(37+13)+(24+16)+(15+45)\\=&50+40+60=150(\text{个})\text{。”}\end{aligned}$$

“才 150 个，不多！吃个半饱！唉，你刚才做加法时，为什么要加上 3 个括号呀？”

“我用的是‘凑 10 法’，把能凑成 10 的两个数，放在一起计算，这样算起来容易。八戒，你等着，我去给你找馒头去。”说完数学猴一晃，就没影了。

过了一会儿，数学猴赶着一辆驴车，拉来一车馒头。数学猴指着驴车说：“车上是200个馒头，你敞开吃吧！”

八戒大嘴一咧，大拇指一竖：“小猴哥，真是好兄弟！我就不客气了，吃！”“吭哧，吭哧”，转眼工夫，八戒把一车馒头都吃了。

八戒抹了抹嘴，打了一个饱嗝：“咯——200个馒头进肚，我要把3只小猪精打个屁滚尿流！小猪精快来受死！”

这时追赶八戒的猪精们也赶到了。不过，出现在眼前的除了野猪精、花猪精、白猪精，又多了一只狼精，一只黑熊。

野猪精指着猪八戒叫道：“猪八戒！还我们的烤兔子！”

八戒拍拍自己的大肚子：“嘿嘿，烤兔子早进到我的肚子里了！你进我肚子里去取吧！”

野猪精一挥手：“弟兄们，上！”5只妖精把八戒和数学猴团团围住。

八戒高举左手，喝道：“慢！我要让小猴哥给我算算，我怎么打法，才能使你们等死的时间最少，也好让你们个个都快点上西天哪！”

听了猪八戒的话，数学猴有点憋不住了：“八戒，你先要告诉我，你消灭这5只妖精各需要多少时间？”

“我算算啊。”八戒一本正经地算了起来，“我打死野猪精、花猪精、白猪精分别需要10分钟、12分钟、15分钟。狼精嘛，需要20分钟。黑熊个大，最费事，要24分钟才能把他打死！”

“按着这样的顺序打最省时间。”数学猴说，“野猪精，花猪精，白猪精，狼精，黑熊。”

八戒点点头说：“我看出来了。让死得快的妖精尽量往前排，这样等死的总时间才可能最少！”

数学猴夸奖说：“八戒聪明！”

八戒抡起钉耙，直奔野猪精砸去：“我开始送你们上西天喽！杀！”

野猪精大嘴一撇：“手下败将，竟敢口出狂言！打！”

数学猴在一旁计时：“10 分钟到！”

八戒大喝一声：“野猪精！吃爷爷的‘搂头盖顶’！”

野猪大叫：“哇！没命啦！”八戒一钉耙打死了野猪精。

数学猴又喊：“12 分钟到！”

八戒说：“小花猪乖乖，吃我个‘横扫千军’吧！”一耙横扫过去。

花猪精惨叫一声：“哇！完啦！”

吃饱了的猪八戒，越战越勇，把 5 只妖精全部打死。

数学猴笑着说：“5 只妖精一个也没活！”

八戒“嘿嘿”一笑：“小菜一碟，对了，我要快走，有人请我吃饭哪！”

八戒买西瓜

数学猴问猪八戒：“谁请你吃饭？”

八戒乐呵呵地说：“牛魔王！老牛！如果饭菜好，我会请你去的。拜拜！”八戒和数学猴挥手告别。

猪八戒腾云驾雾，只一会儿的工夫就来到牛魔王的住所芭蕉洞，牛魔王和铁扇公主在洞口迎接。

牛魔王问候说：“哈，八戒老弟，近来可好？”

“好，好。牛兄，牛嫂都好！”猪八戒想赶紧吃饭，自己率先进了洞。

还没等坐下，八戒就问：“今天请我吃什么？”

牛魔王知道猪八戒的饭量，忙说：“全是好吃的！管饱！”

八戒搓着双手：“可是我来得匆忙，什么礼物都没带，白吃饭不大好意思。”

牛魔王说："八戒，咱们兄弟还客气什么。这样吧！你嫂夫人喜欢吃西瓜，你去买西瓜吧！"

听了牛魔王的话，铁扇公主站起来阻拦："大王，此事不可！谁都知道八戒粗心大意，这1000个西瓜让他运，回来不会剩几个好的。"

八戒有点不高兴："嫂夫人，你也太看不起八戒了！我敢写军令状，如果西瓜损坏严重，八戒情愿受罚！"

铁扇公主也寸步不让："好！咱们就写军令状！由牛魔王代劳。"

牛魔王很快就写出军令状：

军令状

八戒去买西瓜1000个，凡运回1个完整的西瓜，奖励猪肉馅包子1个。如果弄坏1个西瓜，不但不奖励1个猪肉馅包子，还要赔偿4个猪肉馅包子。

猪八戒

八戒看了军令状直摇头："我说老牛，把猪肉馅包子换成别的馅包子，成不成？我不能自己吃自己的肉呀！"

"好说，换成羊肉馅包子吧！"

一大串牛车，满载西瓜在山路上行进，八戒在一旁对牛吆喝："都给我拉得平稳点！谁不好好拉车，回去我改吃牛肉馅包子啦！"

一头牛央求："猪八戒，千万别把我们宰了做牛肉馅！"

这头牛一紧张，车子一歪，几个西瓜滚了下去，八戒赶紧去扶车。

八戒大叫："我的西瓜呀！这是怎么说的？我说要出事来着！"

只听"骨碌、骨碌，啪"！西瓜摔碎了不少。

八戒心疼得直跺脚："我说牛呀牛！你摔的不是西瓜，是羊肉馅包子！你靠边！我自己拉还稳当点！"八戒决定亲自拉车。

这头牛不服气："你自己拉？那样摔的西瓜会更多，你回去恐怕要改吃猪肉馅包子啦！”

八戒听说猪肉馅包子，大怒：“大胆！敢吃猪爷爷的肉！”他一挺身，“骨碌、骨碌，啪！啪！”又有几个西瓜滚下了车摔坏了。

其他的拉车的牛都笑了：“哈哈！他摔得更多了！”

八戒忿忿地说：“你们等着，回去我再跟你们算账！”

拉西瓜的车队经历了千辛万苦，终于到了芭蕉洞洞门，八戒冲洞里喊：“牛哥，牛嫂，快来搬西瓜吧！”

牛魔王和铁扇公主迎了出来：“嘿！八戒还真成，没把西瓜都摔了！”

八戒抹了一把头上的汗：“嫂子给我数数，我摔了多少西瓜？我能吃到多少包子？”

“我来数！”铁扇公主认真数了一遍，“西瓜我数过了，我只告诉你可以吃到 895 个羊肉馅包子。但你必须告诉我，你一共摔坏了多少个西瓜，说不出来，一个包子也别想吃！”

“啊！”八戒立刻傻眼了。没别的办法，只能找数学猴来帮忙。

八戒又开始呼叫数学猴：“小猴哥快来呀！我这儿出事啦！”

数学猴一溜小跑了进来：“八戒，出什么事啦？”

八戒噘着大嘴说：“算不出摔坏的西瓜数，不给包子吃！”

“放心，一定让你吃上包子。”数学猴开始计算：“可以用假设法来解：假设一个西瓜也没摔坏，你应该得到 1000 个包子。实际上你少得了 $1000-895=105$(个) 包子。你摔坏 1 个西瓜，不但得不到 1 个包子的奖励，还要赔偿 4 个，合在一起少了 $1+4=5$(个) 包子。”

八戒抢着说：“往下我会做：$105\div5=21$(个)。嘿，我才摔坏了 21 个西瓜，不多！嫂子，给我包子吃吧！”

谁是妖王

八戒张开大嘴，放开肚皮，一顿猛吃，吃足了包子，挺着大肚子一路走一路唱："800 多个包子进了肚，多呀多舒服！啦啦啦——"

土地神突然从地下钻了出来，拦住八戒的去路："猪大仙不可再往前走啦！"

"怎么回事？"八戒不解，"朗朗乾坤，坦坦大路，怎么不让往前走了？出事啦？"

"猪大仙有所不知，前面山上最近出了一个妖王和一个妖后，功夫十分了得，山上大小动物几乎被他俩吃光！"

"呵！还有比我能吃的？不行！你带着我去会会他俩。"八戒拉起土地神就走。

土地神连连摆手："去不得，去不得。小神可不敢去，危险哪！"

"有我八戒在，你怕什么？走！"八戒硬拉着土地神往前走。

土地神连连作揖："猪大仙，饶了小神吧！"

八戒不听那一套，拉着土地神继续往前走。忽然发现路边一个黑头发的小孩和一个黄头发的小孩"嘻嘻哈哈"在玩耍。

土地神立刻停步，指着两个小孩说："这两个小孩就是妖王和妖后！"

八戒挺着肚子走上前问："嘿，你们两个谁是妖王？谁是妖后？"

黑发小孩冲八戒一笑："我是妖王！"

黄发小孩冲八戒一乐："我是妖后！"

土地神躲在八戒身后，哆哆嗦嗦地说："不对，不对，别听他俩的！他俩至少有一个在说谎！"

"谁在说谎？"八戒回头一找，土地神溜了。"溜得真快呀！"

八戒自言自语："俗话说'好男不和女斗'，我要打也要找妖王打呀！

可谁是妖王呢？只好找我的小猴哥啦！小猴哥——快来呀——”

数学猴颠颠跑来了：“我刚走，怎么又叫我？”

“真不好意思。可是没你不成啊！快给我判断出谁是妖王吧！”

数学猴开始分析：“这两个小孩说的话有 4 种情况：‘对对’‘对错’‘错对’‘错错’。”

八戒点点头：“是这么回事。”

数学猴继续说：“根据土地神说的，‘他俩至少有一个在说谎’，可以肯定‘对对’是不可能的。”

八戒问：“那一对一错哪？”

“也不可能！比如说，‘我是妖王’这句话是错的，说明黑头发小孩是妖后。于是黄头发小孩说的‘我是妖后’也是错的。”

八戒有点明白：“我明白了！这两个小孩都在说谎。也就是说，黄头发的才是妖王！我打死这个妖王。”

八戒抡起钉耙直奔黄发小孩打去：“妖王，尝尝你猪爷爷钉耙的厉害！嗨！”

黄发小孩冲黑发小孩一乐：“嘻嘻！咱俩有猪肉吃了。”说完黄发小孩喊了一声“起！”突然旋转着升上半空，他周围带起一股极强的黄色旋风，把八戒也卷上了半空。

八戒忙说：“嘿，嘿，你要把我带到什么地方去？”

黄风卷着八戒“呜——”的一声飞进一个山洞。

八戒说：“我是免费旅游啦！”

“我赶紧去搬救兵！”数学猴刚想跑，黑发小孩甩出一根长绳：“小猴子，哪里走！”长绳把数学猴捆了个结结实实。

黑发小孩高兴地说：“先吃猪肉，再吃猴肉！”

猪八戒遇难

山洞里，大锅里“哗哗”地烧着水，妖怪把猪八戒和数学猴分别捆在两根木桩上，两个小孩喊了一声：“变！”他们自己变成一个黄发男妖，一个黑发女妖。

黄发男妖说：“我说夫人，咱们又有好吃的了！咱们大吃一顿，解解馋。”

黑发女妖却说：“大王啊！这山上的活物都被咱俩吃光了，这一头猪和一只猴咱们可要省着点吃。”

“夫人说怎样吃法？”

“先吃猪八戒。我刚才称了一下猪八戒，他有 270 千克。今天先吃$\frac{3}{10}$，明天再吃剩下的$\frac{2}{5}$。”

八戒忙问数学猴：“小猴哥，他俩明天吃完了，我还能剩多少？”

数学猴一本正经地说：“这要列个算式算哪！”

八戒一听，就着急了：“我说小猴哥，我都死到临头了，你数学那么好，就口算吧！”

“也好，我就说吧！算式是 $270\times(1-\frac{3}{10})\times(1-\frac{2}{5})=270\times\frac{7}{10}\times\frac{3}{5}=113.4$(千克)。他们明天吃完了之后，你还剩下 113.4 千克。”

八戒摇摇头：“我就剩下这么点？你没算错吧？”

“错不了！”数学猴解释，“你体重 270 千克，他俩今天先吃$\frac{3}{10}$，剩下$\frac{7}{10}$。明天再吃剩下的$\frac{2}{5}$，还留下$\frac{3}{5}$，把三个数连乘就得到最后剩下的 113.4 千克。没错！”

八戒叹了一口气：“唉，还剩 113.4 千克！也就剩个猪肚子！”

黄发妖恶狠狠地说：“猪八戒，你死到临头，还有心情聊天？我这就送你上西天去！”说完手执尖刀，就要杀猪八戒。

“慢！”黑发妖拦阻说，“大王，你没有研究一下把猪八戒分解开，有多少种分法？”

“先卸四肢呀！按照卸左胳臂、右胳臂、左腿、右腿的顺序是一种；按照右胳臂、左胳臂、左腿、右腿的顺序又是一种，这可多了！”

黑发妖说：“再多也有个数呀！我算了一下，单是卸四肢就有 $4\times3\times2\times1=24$(种) 不同的卸法。”

八戒在一旁搭话：“嘿！你们就别算啦！挑一种就行，我只受一次罪！”

眼见危险临近，数学猴提醒猪八戒：“你还不叫你大师兄孙悟空！”

“对呀！你不提醒，我还真忘了！”八戒敞开喉咙叫，“大——师——兄——孙悟空，快来救命啊！”

黑发妖催促：“大王，猪八戒呼叫孙大圣了，你还不快动手！”

“我这就动手！”黄发妖刚举起刀子，孙悟空就从天而降。

孙悟空说：“来不及喽！俺老孙来也！”

黄发妖大吃一惊：“啊！这孙猴子来得这么快！”

孙悟空使棒，黄发妖使大刀，黑发妖使软鞭，“乒乒乓乓！”三人战在了一起。

八戒在一旁提醒：“猴哥，妖王会刮黄旋风，可厉害啦！能把你带上半空。”

果然黄发妖大喊一声：“起！”只听“呜——”的一声又刮起黄色旋风。

孙悟空并不慌张，他从身上拔下一把猴毛，向空中一撒，猴毛都卷入旋风中。这些猴毛到旋风里变成无数个小孙悟空，围住妖王就打。

“打！打！打！”

黄发妖慌忙应战：“呀！这么多孙悟空！”

八戒看得高兴，他问："猴哥，你变出多少个小孙悟空来？"

"我拔下 50 根猴毛，每根猴毛都能 1 个变 2 个，2 个变 4 个……一共可以变 5 次。你说有多少小孙悟空？"

八戒说："还是让小猴哥给算算，一共变出多少个小孙悟空？"

数学猴回答："一共有 $50\times2\times2\times2\times2\times2=1600$(个) 小孙悟空。"

妖王被众小孙悟空打落在地，妖王大叫："哇！我完了！"

"看棒！"孙悟空照着妖后就是一棒。

妖后惨叫："呀！没命啦！"妖后被孙悟空一棒打死了。

3. 数学猴和孙悟空

荡平五虎精

通过猪八戒的介绍，数学猴认识了孙悟空。八戒介绍说：“这是大猴哥孙悟空，这是小猴哥数学猴。”

数学猴一抱拳：“久仰孙大圣的大名！”

悟空“嘻嘻”一笑：“咱们都是猴子，一家人嘛！”

突然，山风大作，地动山摇。

八戒大叫：“不好！一股腥风刮来！”

“呜——”的一阵狂风过后，前面出现金色、银色、白色、黑色、花色 5 只虎精。

金虎精一指猪八戒，说：“我们五虎兄弟，明天都要结婚，想炖一锅红烧肉吃。想暂借猪八戒一用！”

八戒急了：“都把我做成红烧肉了，那还是借吗？吃进肚子里还能还吗？”

金虎精两只虎眼一瞪：“既然猪八戒不识好歹，弟兄们，上！”

白
27
30
37
38
银
35
31
黑
27
20
15
金
15
花

5只虎精“嗷——”一齐扑了上来。

“还反了你们5只大猫！打！”孙悟空手执金箍棒，八戒抡起钉耙，数学猴赤手空拳和五虎战到了一起。

“杀——”“杀——”喊杀声不断。

天色已晚，金虎精下令收兵：“弟兄们，今天天色已晚，先各自回洞休息，明日再战！”

众虎精答应：“是！”

八戒累得敞开衣服，躺在地上大口喘气：“这5只恶虎还真厉害！照这样打下去，明天我大概真要成红烧肉了！”

悟空皱起眉头：“要想个办法才成！”

数学猴灵机一动：“刚刚听他们说，各自回洞，说明他们五虎不住在一起。咱们今天晚上一个一个消灭他们，来个各个击破！”

八戒翻了个身：“主意虽好，可是咱们怎么知道他们住在哪儿？”

孙悟空说：“这个好办！问问当地的土地神。土地神快出来！”

“吱”的一声，土地神从地里钻了出来。

土地神赶紧向孙悟空行礼：“大圣来此，小神未曾远迎，请大圣恕罪！”

孙悟空命令：“快把五虎精的洞穴位置，给我详细画出来！”

土地神不敢怠慢，立即画出了五虎精所住洞穴图（图3-1）。

土地神解释：“图中所标数字是两洞间的距离，单位是最新国际单位‘千米’。”

孙悟空说：“我们一定要趁天黑，把他们消灭掉，再返回此地！关键是要找一条最短的路径。”

八戒建议：“这种事数学猴最拿手！”

数学猴先擦去37千米和38千米两条最长的路线（图3-2）。

数学猴说：“既然有这么多路线可以走，先擦去2条最长的路线，还剩下 4 条路线可走。”

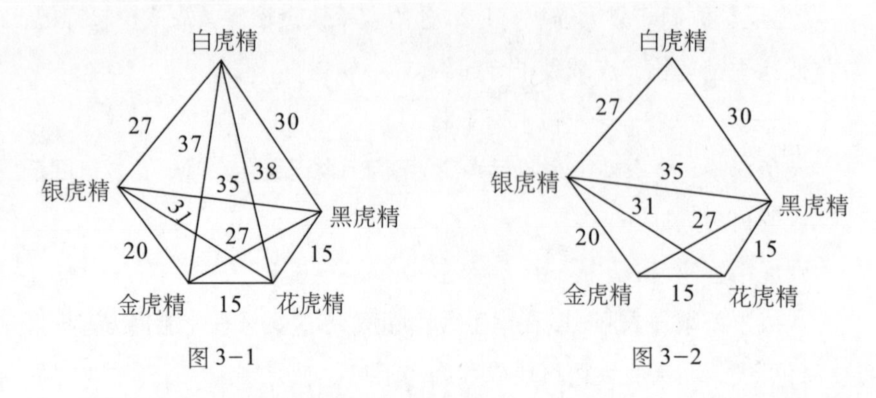

图 3-1　　　　图 3-2

数学猴列出 4 条可走的路线：

金 $\xrightarrow{15}$ 花 $\xrightarrow{15}$ 黑 $\xrightarrow{30}$ 白 $\xrightarrow{27}$ 银 $\xrightarrow{20}$ 金所走的距离为 15＋15＋30＋27＋20＝107(千米)；

金 $\xrightarrow{15}$ 花 $\xrightarrow{31}$ 银 $\xrightarrow{27}$ 白 $\xrightarrow{30}$ 黑 $\xrightarrow{27}$ 金所走的距离为 15＋31＋27＋30＋27＝130(千米)；

金 $\xrightarrow{20}$ 银 $\xrightarrow{27}$ 白 $\xrightarrow{30}$ 黑 $\xrightarrow{15}$ 花 $\xrightarrow{15}$ 金所走的距离为 20＋27＋30＋15＋15＝107(千米)；

金 $\xrightarrow{27}$ 黑 $\xrightarrow{30}$ 白 $\xrightarrow{27}$ 银 $\xrightarrow{31}$ 花 $\xrightarrow{15}$ 金所走的距离为 27＋30＋27＋31＋15＝130(千米)。

数学猴说：“第一条和第三条路线的路程最短。”

孙悟空一挥手：“咱就挑第一条路线，走！先去找金虎精。”三人直奔金虎精的洞穴。

孙悟空带头钻进金虎精的洞穴，金虎精正在睡觉：“呼噜——，呼噜——”

“你死到临头，还打呼噜？吃我一棍！”孙悟空举棍就打，一棍下去，“咚——”的一声。

金虎精大叫：“哇——”

孙悟空接连又打死了花虎精、黑虎精和白虎精。

八戒不甘示弱：“猴哥打死了4只，这只银虎精留给我啦！看耙！”猪八戒照着银虎精就是一耙。

银虎精叫道：“金虎哥救命！哇——”

八戒拍拍身上的土：“天还没亮，5只虎精全部消灭！”

孙悟空一竖大拇指：“数学猴算得好！”

数学猴一竖大拇指：“孙大圣打得好！”

“哈哈——”

擒贼先擒王

孙悟空一抱拳：“我到前面山上找个朋友，马上就来！”

八戒说：“大师兄快点回来啊！”

孙悟空一个跟头翻下去，来到一个山洞，他向洞里喊：“鹿仙子，俺老孙来看你来了！快出来！”

从洞里突然窜出一只狼精。

狼精指着自己鼻子问：“孙猴子，你看我像鹿仙子吗？”

孙悟空吃了一惊：“啊，老狼！鹿仙子呢？”

“噌、噌、噌”从洞里又窜出来野猪精、狐狸精和蛇精。

孙悟空问：“难道鹿仙子被你老狼吃了？”

狐狸精冷笑着说：“别冤枉狼大哥，鹿仙子是我们4人分着吃的。”

悟空十分愤怒，举棍就打：“竟敢吃掉我的好友？拿命来！”

4只妖精排成图3-3的形状，把悟空围在了中间。

狐狸精高声叫道：“弟兄们别怕孙悟空，摆出我的迷魂阵来！打！”

悟空说：“擒贼先擒王，你狐狸精肯定是头，我先打你！”悟空抡棒直奔狐狸打去。

狐狸精喊了一声“变！”

阵形立刻变成图 3-4 的形状，悟空扑了一个空，迎战他的已不是狐狸精，而是蛇精。

蛇精叫道：“你奔我来了，让你尝尝我的毒液吧！噗——”蛇精喷出一股毒液。

悟空慌忙闪过：“呀！这个位置上怎么变成蛇精了？”

悟空是死盯住狐狸精打，他又奔狐狸精打去：“你跑到这儿来了！也要吃我一棍！”

狐狸又喊了一声“变！”

阵形立刻变成图 3-5 的形状，悟空又扑了一个空，迎战他的仍是蛇精。

狐狸	野猪
蛇	狼

图 3-3

蛇	狐狸
狼	野猪

图 3-4

狼	蛇
野猪	狐狸

图 3-5

蛇精说：“看来你挺喜欢我的毒液，再送你一口！噗——”蛇精又喷出一口毒液。

悟空大叫一声：“哇——我中毒啦！”

八戒对数学猴说：“大师兄怎么这么半天还没回来？”

数学猴也不放心：“咱俩去看看吧！”

八戒和数学猴朝着孙悟空去的方向找，走了一程，听到杀声震天，定睛一看，只见悟空被 4 只妖精围在中间。

数学猴一指：“看！孙悟空被妖精围在了中间。”

八戒满不在乎：“咳！对于大师兄来说，4 只妖精算得了什么？”

数学猴发现了异样：“不对！孙悟空怎么步履蹒跚哪？”

八戒解释：“你不懂，他要的那叫醉棍！”

悟空突然中毒倒在了中间。

数学猴大喊一声：“不好！孙悟空倒下了！”

“快去救大师兄！杀呀！”八戒举着钉耙冲了过去。

数学猴赶紧扶起孙悟空：“大圣，不要紧吧？”

孙悟空说：“快去告诉八戒，专打狐狸精！狐狸精是头，只是他的迷魂阵在不断地变化，我找不到狐狸精的准确位置。”

“容我仔细观察。”数学猴看了一会儿说，“根据我的观察，他的迷魂阵是按顺时针方向旋转的！”

4 只妖精围住孙悟空打得正欢，突然看见猪八戒来了。

狐狸精突然来了精神：“抓住猪八戒，吃红烧肉！”

八戒大嘴一噘：“倒霉！又遇到想吃红烧肉的了！”

数学猴在一旁指挥猪八戒战斗：“八戒，下一次往东南方向打！”

“好的，我听你的！”八戒举耙朝东南方向打去，这时狐狸精刚转到东南方向，八戒的钉耙就到了，正打在狐狸精的头上。

“看耙！”

狐狸精大惊：“啊！我刚转过来，钉耙就来了，完了！”

只听“砰！”的一声，狐狸精的脑袋开花。

狼精、蛇精、野猪精看到狐狸精死去，纷纷跪地投降：“别杀我们，我们投降！”

八戒开心地说：“哈！你们吃不上红烧肉了吧！”

悟空戏猕猴

数学猴一回头，发现孙悟空不见了：“咦？怎么孙悟空不见了？”

猪八戒摆摆手：“猴哥？猴脾气，待不住！由他去吧！”

这时土地神赶着一大群羊走了过来。

八戒好奇地问："真新鲜！怎么堂堂的土地爷改行放羊了？"

土地神尴尬地说："孙大圣让我放羊，我不敢不放呀！"

八戒问："你看见我大师兄了？他在哪儿？"

土地神指着羊群说："孙大圣就在羊群里。"

数学猴十分好奇："啊，孙悟空变羊了？哪个是孙悟空？"

一群羊围住数学猴，都说自己是孙悟空。

甲羊："咩——我是孙悟空。"

乙羊："咩——我是孙悟空。"

数学猴做孙悟空状："照你们这样说，我还是孙悟空哪！"

土地神让羊排成一排报数："听我的口令，所有的羊排成一排，报数！"

"1，2，3，…，65，66。"羊们依次报数。

土地神说："这是66只羊，如果让它们'一、二'报数，凡是报'一'的下去。这样一直报下去，最后剩下的就是孙大圣！"

八戒说："那就让他们报数吧！"

土地神摇摇头："不成！大圣吩咐过，不许'一、二'报数，要数学猴一次就把孙大圣指出来！"

八戒笑了笑："这是大师兄考小师兄啊！"

"这难不倒我！看我的！"数学猴走到从右往左数第3只羊面前，"你是64号，你出来吧！"揪住这只羊的双角，往外拉。

"咩——"64号羊问，"你拉我干什么？"

数学猴说："你是64号，你肯定是孙大圣，你出来吧！"

64号羊反问："咩——你凭什么说我是孙大圣？"

"问得对呀！"八戒也上前想弄个明白，"你凭什么说他是孙悟空？"

"我问你，如果一排只有3只羊，'一、二'报数，报'一'的下去，最后剩下的是几号？”

八戒掰着手指数：“‘一、二、一’，1号和3号数‘一’下去了，剩下的是2号。”

“对！如果一排有5只羊，最后剩下的肯定是4号。”

八戒点点头：“对，我数了，是4号。”

数学猴说：“9只羊一排，最后留下的肯定是8号。它的规律是2，$4=2\times2$，$8=2\times2\times2$……对于66来说，具有这个特点的最大的数就是64，因为$64=2\times2\times2\times2\times2\times2$。”

“猜对啦！”孙悟空现身。

孙悟空又出一个问题，他先画了一个3×3的格子：“我拔下13根猴毛加上我，共变出14个形态各异的小猴，按规律排，我本来应该站在方格的右下角，但我偏站在左边的一排6个小猴当中，你能把我找出来吗？”

说完孙悟空拔下一撮猴毛，往空中一抛，喊了一声：“变！”立刻变出了13个小猴，孙悟空一转身，变成了第14个小猴和其他小猴混在了一起（图3-6）。

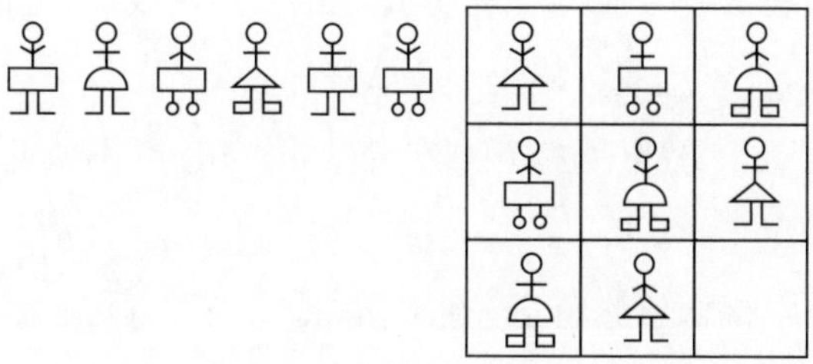

图3-6

八戒为难地说：“这么多小猴，都长得差不多，怎么找出大师兄？”

数学猴却不以为然：“要细心观察才能发现差异。你看！这些小猴手臂有向上、水平、向下三种；裙子有三角形、矩形、半圆形三种；脚有圆脚、方脚、平脚三种。”

“对！”

“你再看，方格中的8个小猴全都不一样，但是是有规律的。从左边6个小猴中找出哪个小猴，放到空格中能符合它们的规律？”

八戒看了一会儿：“我看出规律啦！方格中每一行，每一列的3个小猴的手臂、腰、脚都不一样！”

数学猴一竖大拇指：“八戒，真棒！你看把哪个小猴放到那儿合适呢？”

“从横向看，有手臂平伸的，有手臂向下的，有穿半圆形裙子的，有穿三角形裙子的，有方形脚，有平脚，就缺一个手臂向上、穿矩形裙子、长着圆脚的小猴。纵向看也是如此。我就认出来了，你就是孙悟空！”八戒走到6号小猴面前，把他揪了出来。

6号小猴一抹脸：“八戒真长本事啦！我就是孙悟空！”

解救猪八戒

八戒一摸肚子：“我饿了，去弄点吃的！”八戒扛着钉耙扬长而去。

数学猴叮嘱：“八戒，路上小心妖精！”

过了好半天，仍不见猪八戒的影，悟空有点不放心：“八戒该回来了！”

忽然，空中飘飘悠悠落下一张纸条来。

“看，飘下一张纸条。”数学猴拾起纸条，只见纸条上写着：

> 找八戒，往正东方向走（5★6）★7千米。其中对于任何两个数a、b，规定a★b表示$3\times a+2\times b$。限10分钟找到，否则就请你们吃猪肉馅饺子了！

孙悟空大怒："何方妖孽，敢用我师弟的肉包饺子吃？我要把他们打个稀巴烂！可是——我到哪里去找他们哪？"

数学猴指着纸条说："纸条上都写着呢！只要算出来，就知道了。"

"这些带五角星的算式，怎么个算法？"

"这里的五角星只不过代表着一种特殊的算法。"

"五角星怎么能代表一种算法呢？"

"我给你算一下，你就明白了。"数学猴开始算，"按着规定 $5★6=3\times5+2\times6=15+12=27$。"

"原来是这么回事。"

数学猴说："明白了意思，就可以把结果算出来了：

$(5★6)★7=3\times27+2\times7=95$。"

悟空拉着数学猴向正东方向跑去："数学猴，快和我向东跑 95 千米，解救八戒去！"

"到这里正好是向东 95 千米。"数学猴停住了脚步。

悟空问："为什么不见八戒的踪影？"

悟空看到一只野狗："那有一只野狗，狗的鼻子特别灵敏，待我也变成野狗问问他。变！"

悟空变成一只黑色的野狗，跑过去问："老兄，你闻到猪的气味吗？"

野狗点点头："当然闻到了！从那个小洞里飘出来猪的臭味和黄鼠狼的臊味！"

黑狗跑到数学猴面前说："八戒是让黄鼠狼精给捉到洞里了，我进洞看看。你在外面如此这般……"

"好！"

孙悟空立刻变成一只小蜥蜴，钻进了小洞里。

孙悟空进洞后，看见黄鼠狼精把猪八戒捆在柱子上，他正在磨刀，

“噌！噌！”

八戒对黄鼠狼精说：“你别做美梦想吃我的肉，等会儿，我猴哥来了，一棒子就把你砸个稀巴烂！”

黄鼠狼冷笑：“嘿嘿，孙悟空是个数学盲，他算不出我在哪儿！”

八戒不服：“我还有个小猴哥数学猴哪！那数学就别提多棒了！”

黄鼠狼不以为然：“你别吓唬我，一只小猴子能有我黄大仙聪明？”

“你的两个猴哥都不来救你，我可饿极了。我先把你切成小块，然后再剁成肉馅！慢慢吃。”黄鼠狼精要动手了。

悟空现形：“八戒别慌，我孙悟空来了！”

八戒见到了救星：“猴哥快来救我！”

黄鼠狼大吃一惊：“啊，孙悟空真来了！让你尝尝我的最新式武器！”黄鼠狼冲悟空放了一个屁“噗——”

八戒大叫一声：“哇——臭死啦！”

黄鼠狼趁机从小洞钻出，正好被等候在此的数学猴按住了脖子：“黄鼠狼，你往哪里逃？”

黄鼠狼绝望了：“呀！数学猴等在这儿！完了！”

魔王的身份

悟空救出了八戒，两人正往前走着，突然刮来一股狂风“呜——”，风中带有许多碎石。

八戒倒吸一口凉气：“呀！飞沙走石，怎么回事？”

“呼啦啦！”许多山羊、野兔、牛顺着风狂奔而来。

八戒忙问：“你们跑什么？出什么事啦？”

一只山羊告诉八戒：“熊魔王要宴请虎魔王、狼魔王、豹魔王……一大堆魔王。我们都要被这些魔王吃了！你长得这么肥，还不快逃！”

悟空问一头奔跑的老牛：“老牛，你知道熊魔王要宴请多少魔王？”

老牛往回头一指：“洞口贴着告示哪！你自己去看吧！”

悟空说：“咱俩看看告示去。”

悟空和八戒来到洞口，见洞口贴有告示。

八戒手搭凉棚，看着告示：“果然贴有告示。”

悟空一边看，一边摇头：“这上面写的是什么呀？我怎么看不懂啊！”

只见告示上写着：

山里的所有动物：

我熊魔王要请各方魔王来赴宴，当然，你们都是做菜的原料。我们要吃谁，谁就赶紧来。这次我请来的魔王数，就在下面的算式中，其中不同的字代表不同的数：

魔魔×王王＝好好吃吃

“猴哥，咱们不能眼看着这些动物被害！咱们得救救他们。”

“可是不知道来了多少魔王，这仗怎么打呀？”

悟空急得抓耳挠腮：“我空有一身本领，就是不会数学！呀、呀……这可怎么办？”

“没别的主意，还得找小猴哥！小——猴——哥——”

“唉——”数学猴从山上跳下，“我数学猴来了！”

悟空笑了：“哈哈，你来得比我还快！”

八戒迎上去，拉着数学猴的手：“小猴哥，帮我们解出这道题。”

数学猴说：“这种横式不好看，我来把它变成竖式：

$$\begin{array}{cccc} & & \text{魔} & \text{魔} \\ \times & & \text{王} & \text{王} \\ \hline & a & b & c \\ a & b & c & \\ \hline \text{好} & \text{好} & \text{吃} & \text{吃} \end{array}$$

”

悟空挠挠头："怎么弄出外文来了？越弄越复杂！"

数学猴解释："引进字母的目的，是为了让运算更加简单。显然 c= 吃，在十位上由于 $b+c$= 吃，可以知道 $b=0$。"

悟空点点头："有道理，你接着说。"

"$b=0$，根据'魔魔×王$=a\,b\,c=a\,0\,c$'，一定是'魔×王'的乘积是个两位数，而且乘积的十位数和个位数之和是 10。"

悟空晃晃脑袋："我有点晕，你快往下算吧！"

"两个一位数乘积的数字和等于 10 的，只有 $4\times7=28$，而 $2+8=10$。"

"有这种事？"八戒不信，自己要试验："我试试！$2\times9=18$，$1+8=9$，不成；$3\times8=24$，$2+4=6$，也不成；$8\times9=72$，$7+2=9$，还是差点。嘿，真的只有 4 乘以 7 才行。"

悟空有点着急："快告诉我，他要请多少魔王？"

"多则 74 个，少则 47 个。"

"宁多勿少。"悟空说，"我们就按 74 个准备。八戒你负责消灭 23 个，数学猴消灭 1 个，剩下的我全包了！"

八戒噘起大嘴："嘿，不公平！我比小猴哥多那么多哪！"

"我一个人要消灭 50 个魔王哪！快杀进去吧！"悟空带头冲进洞里。

"杀——！"猪八戒和数学猴跟了进去。

洞里乱战！"杀——""杀——"洞里杀得昏天黑地。

战斗结束了，数学猴清点被杀死的魔王："熊魔王一共请来了 47 个魔王，加上他自己一共是 48 个。我杀死 2 个，悟空和八戒各打死 23 个！"

八戒一拍脑袋："哇！我打死的魔王和孙猴子打死的魔王一样多！我又亏了！"

捉拿羚羊怪

悟空、数学猴和八戒边走边聊天。

悟空深有感触地说："我要拜数学猴为师学习数学。"

八戒也说："我也学！"

数学猴谦虚地说："咱们互相学习。"

突然，一阵狂风刮来，遮天蔽日，伸手不见五指。

悟空警告说："一股妖风！要多加注意！"

八戒捂着眼睛说："我什么也看不见了！"

狂风过后，发现数学猴不见了。

八戒着急了："猴哥，数学猴不见了！"

"他是被妖孽抓去了！"

八戒不明白："妖精抓他干什么？吃？他身上连点肉都没有！要吃就抓我吃呀！"

"还是把土地神唤来问问，土地！"

土地神从地下钻出："大圣唤小神有何吩咐？"

"刚才一股妖风，为何怪所施？"

"回禀大圣，此乃羚羊怪所施的妖法。"

悟空说："他抓走了我的人，带我去找羚羊怪！"

土地神带悟空和八戒来到一个山洞前，山洞的大门紧闭，门上画有一个图形（图 3-7）。

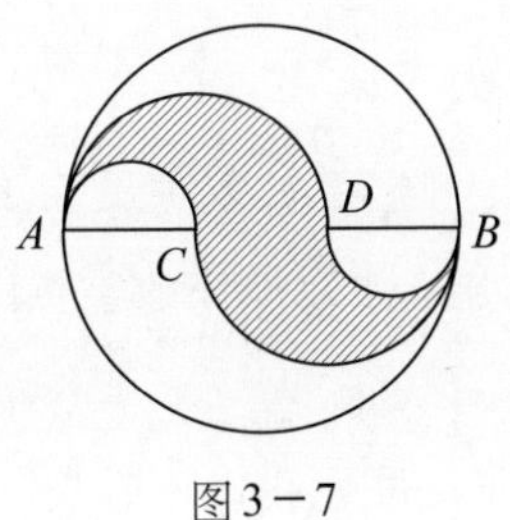

图3-7

土地神："羚羊怪就住在这个山洞里。"

悟空："此图很像太极图，如何打开洞门？"

土地神："你看画阴影的部分，它是对接在一起的一对羚羊角，谁能算出这个阴影部分占圆面积的多少？门就自己打开。"

八戒瘫坐在地上："完了！原来可以找小猴哥来帮忙计算，现在谁给算？"

"数学猴不在，咱们就自己算！"悟空先画了一个图（图 3−8）。

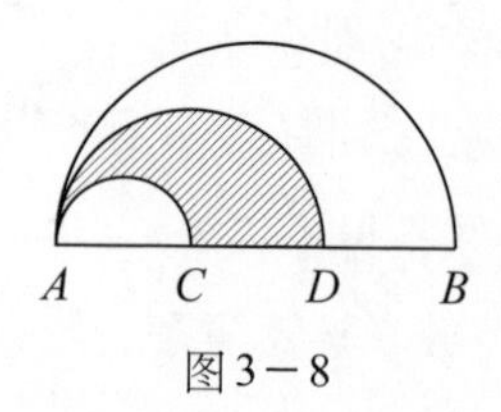

图 3－8

悟空指着自己画的图说："算半个圆就成了。这是由三个半圆组成，我量了一下 AC 是 AD 的一半，AD 是中圆的直径。$AB=30$ 厘米，而 $AD=20$ 厘米。我发现 $AC=CD=BD=10$ 厘米。可是我不知道圆面积如何求。"

八戒一撇嘴："不知道如何求，还是不会算哪！"

"待我化成小飞虫，飞进洞里，问问数学猴，变！"悟空化作小飞虫，从洞门缝钻进洞里。

八戒十分羡慕："我就没有这种化成小飞虫的本事。"

洞里羚羊怪正和数学猴谈话。

羚羊怪阴阳怪气地说："听说你的数学特别好，你要是教会我数学，我的本事可就比孙悟空还大了！"

数学猴态度十分坚决："你学会数学是为了对付孙悟空，我不教！"

羚羊怪用他的巨大的角，死死顶住数学猴的前胸："如果你不教我数学，我就用角顶死你！"

"你学数学的目的不纯，顶死我也不教！"

悟空变成的小飞虫，飞到了数学猴的耳朵上，悄悄地说：“数学猴不要害怕，我是孙悟空，你快告诉我，圆面积如何求？”

数学猴也小声说：“可以用公式，如果圆的半径是 R，圆面积公式是 $S=\pi R^2$。”

“数学猴，我这就来救你！”小飞虫飞出洞外。

数学猴叮嘱：“快点！”

羚羊怪十分奇怪，他问：“你在和谁说话哪？”

数学猴把头一扬：“我在自言自语呢！”

悟空飞到洞外现出原身，和八戒会合。

“我会求了！一只羚羊角形的阴影部分＝（以 AD 为直径的半圆）－（以 AC 为直径的半圆）$=\frac{1}{2}(\pi 10^2-\pi 5^2)=\frac{\pi}{2}(10\times 10-5\times 5)=\frac{\pi}{2}(100-25)=\frac{75\pi}{2}$。”

八戒接着说：“两只对接的羚羊角形的阴影部分面积就是 75π 了。”

八戒刚说完，山洞的大门就自动打开了：“乖乖，我刚说完，门就自动打开了！”

悟空一挥手：“快进洞救数学猴！”

悟空和八戒齐战羚羊怪，“打！”“杀！”一阵激烈的战斗。

悟空终于抓住了羚羊怪：“我打死你这个羚羊怪！”举棒就要打。

数学猴在一旁求情：“慢！羚羊怪就是想学数学，没有害人之意，饶了他吧！”

重回花果山

悟空突发灵感：“现时妖孽横行，我要回老家花果山去看看，看看我的猴子猴孙是否平安。”

听说去花果山，八戒和数学猴争先恐后地说：“我也去！”“我也去！”

孙悟空一挥手：“咱们都去！”孙悟空带着八戒、数学猴一起回到了老家花果山水帘洞。

来到花果山，只见山上花草全无，林木焦枯，山峰岩石倒塌，悟空见此情景不禁倒吸了一口凉气，这是怎么啦？

花果山的猴子听说孙大圣回来了，倾巢而出，都来迎接。各种鲜果美酒摆了上来。

回到家，悟空感慨万千：“我有一段时间没回家了，你们可好啊？”

众猴你看看我，我看看你，一片沉默……

孙悟空两目圆瞪：“怎么，出事啦？是谁敢来欺负你们？”

众猴齐声回答：“是群狼！”

孙悟空想了一下说：“我一定要找他们算账！除此之外，你们也要练一些防敌的办法。下面我来操练你们，老猴们听令！”

下面站出一群老猴：“得令！”

八戒数了一下：“1，2，3……一共有49只老猴。”

孙悟空听罢大吃一惊：“想我当年离开花果山时，共有47000只猴子，现在就剩这么几只老猴了？”想到这里悟空差点落泪。

悟空命令：“49只正好能排成一个7×7的方阵。给我排出方阵来！”老猴们立即排成了一个每边有7只老猴的方阵。

数学猴点点头：“还是老猴的觉悟高！”

操练开始，老猴们按照孙悟空的口令，做着各种动作。

悟空喊：“一、二，杀！”“一、二，挠！”“一、二，咬！”

“停！”突然，孙悟空下令停止操练。

八戒问：“练得好好的，怎么停了？”

孙悟空往下一指说：“那一排的2只老猴，实在太老了，动作已经跟不上口令了。”

八戒说："那还不容易，把那2只老猴撤下来就是了。"

孙悟空摇摇头说："不成！撤下2只就构不成一个7×7的方阵了。"

八戒又建议："干脆，把那2只老猴所在的那一排都撤下来算了！"

孙悟空又摇摇头："不成！撤下一排就不是方阵了，成了长方形阵了。而我操练的是方阵。"

"那你说怎么办？还是问数学猴吧！"

数学猴说："我说同时撤下一行和一列，变成6×6方阵。"

八戒不等数学猴说完，就发号施令："撤下一行是7只老猴，撤下一列又是7只老猴，听我的口令！一共撤下14只老猴……"还没等八戒把话说完，数学猴跑上去捂住了八戒的嘴。

八戒问："怎么啦？"

"你说得不对！撤下的不是14只，应该13只老猴。"

"怎么不对？"

数学猴画了一张图（图3−9）："因为有一只老猴数行的时候数过他一次，数列的时候又数了他一次，这只老猴数重了。"

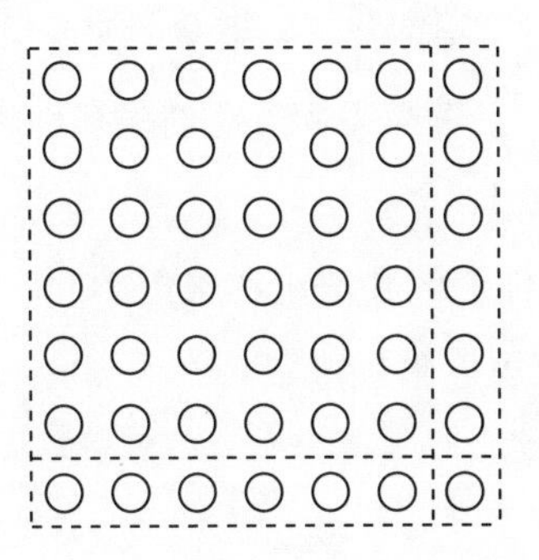

图3−9

突然，孙悟空抽出一面令旗，在空中一摇，高声叫道："所有的青壮年的猴子给我排成一个方阵！"

"是！"青壮年的猴子也排成一个方阵。

在孙悟空的号令下，青壮年的猴子认真地做着动作。

孙悟空突然往下一指说："那一排上的 2 只猴子太胖，像 2 头笨猪！"

八戒听了噘起了大嘴："猪就笨？猴就灵？"

突然，一只小猴跑来报告："报告孙爷爷，一群恶狼又来袭击我们！"

悟空就地来了一个空翻："来得正好！我和八戒带老猴方队，正门迎击。数学猴带青壮年猴子方队抄他们的后路！"

数学猴问："青壮年猴子方队共有多少只猴子？"

悟空摇摇头："这个我不知道。我只知道同时撤下来一行和一列，共撤下来 27 只青壮年猴子。"

数学猴只好计算："由于去掉的总猴数＝原每行猴数×2－1，所以原每行猴数＝(去掉的一行一列猴数＋1)÷2＝(27＋1)÷2＝14(只)，方阵总数＝14×14＝196(只)。"

青壮年的猴子看到狼群分外眼红，个个奋勇杀敌："杀！挠！咬！"

孙悟空一马当先杀了出来："恶狼拿命来！"

群狼见孙悟空来了，惊恐万状，立刻跪在地上投降："我的妈呀！孙大圣回来了，我们投降！"

悟空往下一指："你们给我滚出花果山 1000 千米，永世不得回来！"

"是！"群狼夹着尾巴狼狈逃窜。

智斗神犬

群猴刚要庆祝胜利，突然，一只小猴急匆匆来报："报告孙爷爷，大事不好！群狼在一只瘦狗的带领下又杀回来了！还抓了我们 7 只猴子兄弟。"

悟空大惊："啊！竟有这事？"

放眼望去，只见二郎神的神犬带着群狼杀了回来，神犬很瘦，在群狼中显得很弱小。

悟空冷冷地说："我当是谁哪？原来是二郎神的神犬。"

神犬"汪、汪"叫了两声："大圣好久未见，近来可好？"

"听说你还抓了我的 7 只小猴，我和恶狼的事，你管得着吗？"

"不错，我是抓了 7 只小猴子。狼和狗是同宗，狼的事我不能不管哪！"

神犬一声令下："把 7 只小猴子带上来！"7 只小猴被带上来，每只小猴的脖子上都套一个大铁环，铁环之间互相环在一起（图 3−10）。

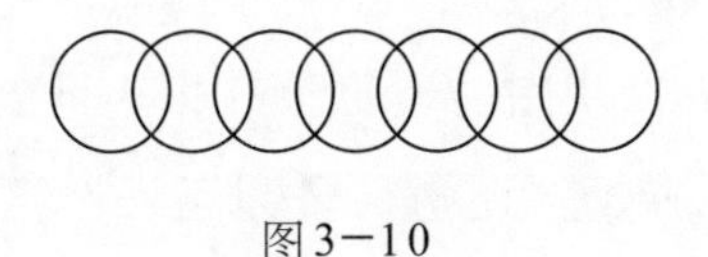

图3−10

数学猴生气地说："都套在一起了，也太残忍了！"

悟空大怒："瘦狗！你想干什么？"

神犬指着孙悟空叫道："你孙猴子一定想要救出这些小猴子，咱们来较量 7 个回合，怎么样？"

悟空问："如果我胜你 1 个回合呢？"

神犬答："我就放一只小猴子。如果你败了 1 个回合，我就咬死一只小猴子！"

神犬一声狂叫，恶狼阵中窜出了一只恶狼，而这边出战的是八戒。

恶狼凶狠地说："我想吃肥猪肉！嗷——"

八戒咬着牙根："我想穿狼皮袄！杀！"

两人没战几个回合，八戒一耙打在狼的肚子上："吃我一耙！"

狼惨叫一声："哇——心、肝、肺全出来啦！"恶狼死了。

悟空说："这一回合我们胜了，放过一只猴子！"

神犬摇摇头，说："我是想放回一只，只是这 7 只猴子全环在一起了。你们过来一个人，只许剪断一个圆环，以后就不许再剪了。"

悟空大怒："只许剪断一个圆环，最多只能放一只猴子！剩下的 6 只猴子怎么办？你是成心不想放哪！"

见悟空发火，数学猴在一旁劝阻："大圣莫发火，让我去完成这个任务，请给我变出一把大钳子来。"

悟空一伸手就变出一把大钳子，递给数学猴。

悟空十分怀疑："你能只剪断一个圆环，就可以每次放回一只猴子？神啦！"

"请大圣放心。"数学猴走到 7 只猴子面前，从左数"1，2，3，好！就剪断这第 3 个圆环！"用钳子剪断套在第 3 只猴子脖子上的圆环。

数学猴领走这只猴子，还剩下 2 只连在一起的，4 只连在一起的（图 3−11）。

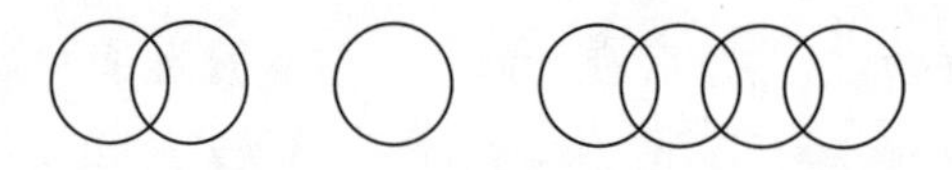

图 3−11

剩下的猴子哀求："数学猴，可别把我们忘了！快来救我们！"

神犬又叫一声，3 只恶狼同时窜出："第 2 个回合看我们的！"

悟空迎战："来得好！"

悟空只是用金箍棒朝 3 只恶狼一捅，就把 3 只狼穿在了一起："这次来个串糖葫芦吧！嘻嘻！"

3 只狼同时叫道："哇——"立即死去。

神犬倒吸了一口凉气："大圣果然厉害！你们再来领一只猴子吧！"

数学猴领着刚刚带回来的猴子，向对方走去："我拿这只刚领回的猴子，去换那 2 只连在一起的猴子，$2-1=1$，这次我领回的还是一只。”

八戒拍掌称妙：“拿一只单个的，换回 2 只连在一起的，妙！妙！”

神犬这时忽然明白了：“呀！我明白啦！下次你还是要走那一只猴子，然后再用这 3 只猴子换回那 4 只连在一起的猴子！就这样，7 只猴子你先后都领走了。”

八戒又拍手，又跳高：“妙！妙极了！”

“我咬死你这个数学猴！汪！汪！”神犬直奔数学猴冲去。

悟空说：“别咬数学猴，有本事你冲我来！”悟空迎了上去。

神犬和悟空战在了一起。

神犬狂叫：“汪！汪！”

悟空高叫：“嘿！嘿！”

“吃我一棒！”神犬后腿挨了孙悟空一棒。

“呀！疼死我了！我找二郎神去！”神犬一瘸一拐地逃跑了。

千变万变

二郎神手执三尖两刃枪，带着受伤的神犬赶来报仇。只见二郎神仪表堂堂，两耳垂肩，二目闪光，腰挎弹弓。

神犬往前一指：“就是那个孙猴子，打伤了我的腿！”

二郎神满脸怒气：“大胆的泼猴，竟敢打伤我的爱犬！”

数学猴问：“这个神仙是谁？”

悟空给数学猴解释：“你连他都不认识？他就是劈山救母中的二郎神呀！此人非常善于变化。”

二郎神举起三尖两刃枪向悟空刺来：“泼猴吃我一枪！”

悟空冲二郎神做了个鬼脸：“也不说几句客气话，上来就打！那我就不客气了。”

二郎神和悟空“乒！乒！”“乓！乓！”打在了一起，从地面一直打到了空中。

“咱俩还是斗斗变化吧！”突然二郎神化作一股清风走了。

悟空收住手中的金箍棒：“正打得来劲，怎么跑了？”

悟空一回头，发现了两个一模一样的数学猴。

“嘿！两个一模一样的数学猴。”

八戒说：“这里面一定有一个是二郎神变的！”

悟空和八戒小声商量：“八戒，你看这怎么办？”

八戒想了一下说：“我有办法了。数学猴数学特好，二郎神是个数学白痴。可以出一道数学题考考他俩。”说完八戒在地上画了两个图（图 3−12）。

八戒对两个数学猴说：“真假数学猴听着！你们各自在图中的括号中填上 2、3、5、7 四个数，使每个圈内的 4 个数的和都等于 15。听懂了没有？”

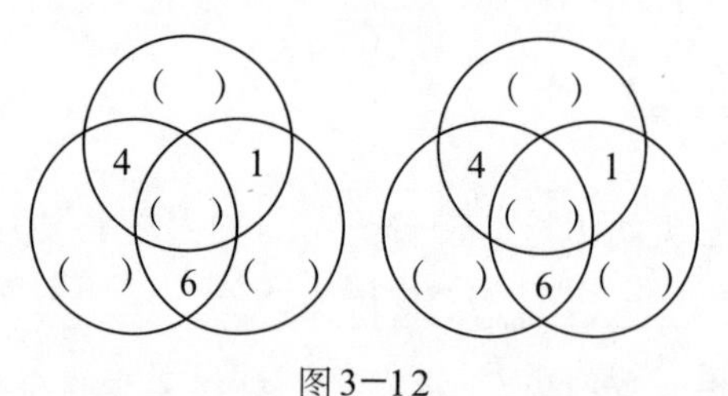

图 3−12

“是！”不一会儿，两个数学猴都填完了（图 3−13）。

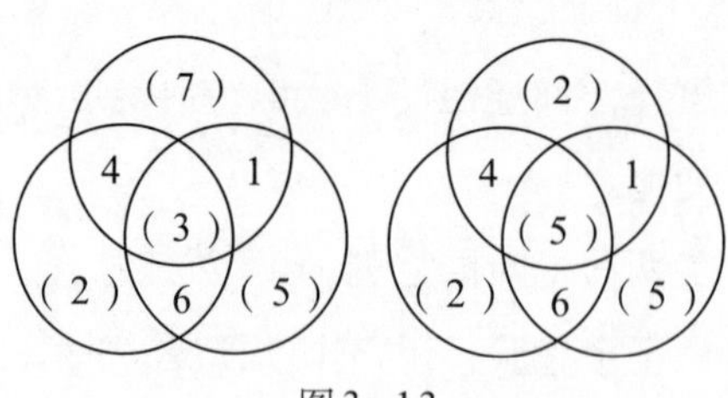

图 3−13

八戒认真看了看两个图，说："左边这个填对了，右边填错了！右边那个数学猴是假的，是二郎神变的！"

悟空举起金箍棒朝右边的数学猴打下："二郎神！吃我一棒！"

"不好！被老猪识破了。"二郎神现形逃走。

二郎神在空中冲数学猴一抱拳："小神想请教数学猴兄，你那 4 个数是怎样填的？"

八戒在一旁笑了："嘿嘿，没想到，二郎神挺喜欢学数学！"

数学猴给二郎神讲解："关键是填正中间的那个数。填 2 不成，因为最上面那个圈，即使再填上最大的数 7，7+4+2+1=14，不够 15。填 7 也不成，因为最右边的那个圈，即使你填上最小的数 2，6+7+1+2=16，也比 15 大。"

二郎神聪明过人，一说就明白了："噢，我明白了，正中间只有填 3 最合适，数学，妙！真妙！"

"二郎神，你别'喵，喵'地学猫叫了，你吃我一棒吧！"孙悟空抡棒就打。

"我能怕你这个泼猴？看枪！"二郎神挺枪就扎，两个人又打到了一起。

"我老孙今天才找到了对手！过瘾！"孙悟空的金箍棒一棒紧接一棒地向二郎神砸来。

二郎神看孙悟空来精神了，也不恋战，又化作一阵清风走了。

悟空手搭凉棚四处寻找："这小子又跑到哪儿去了？"

数学猴叫悟空："大圣，这儿有两个一模一样的猪八戒！"

悟空眼珠一转："咱们照方抓药，你再出道题考考他俩。"

数学猴在地上画了四个猪头，列出一个算式：

猪×猪－猪÷猪=80(千克)

数学猴对两个猪八戒说："式子里的 4 只猪的质量都相等，算出一只猪的质量。”

左边的八戒说：“一只猪重 9 千克。由于同样质量的两头猪相除得 1，所以有

$$猪\times 猪-1=80(千克),$$

$$猪\times 猪=81(千克),$$

$$猪=9(千克)。”$$

右边的八戒却说：“比 8 千克多，比 9 千克少！”

“二郎神，我看这次你往哪儿跑！”悟空举棒朝右边的八戒打去。

右边八戒求饶：“大师兄饶命，我可是真正的八戒呀！”

二郎神在一旁嘲笑八戒：“猪脑子就是不成！”

数学猴问猪八戒：“你怎么算错了呢？”

八戒沮丧地说：“把等号左边的‘-1’移到右边，应该变成‘$+1$’，我没变！”

悟空叹了一口气：“嗨！看来八戒还是不如二郎神聪明！”

二郎神把嘴一撇：“废话！怎么拿我和笨猪比呢？”

再斗阵法

二郎神挥舞手中三尖两刃枪，口中念念有词，不一会儿，召来许多天兵天将。

二郎神对众天兵天将说：“下面我和孙猴子斗斗阵法。天兵天将听令！给我摆出‘九宫阵’！”

众天兵天将齐声答应：“得令！”立即摆出“九宫阵”（图 3-14）。

二郎神一指孙悟空：“泼猴，你敢来攻攻我的‘九宫阵’吗？”

“我要把你的什么‘九宫阵’，杀个七零八落！”悟空提起金箍棒，直奔“九宫阵”杀去。

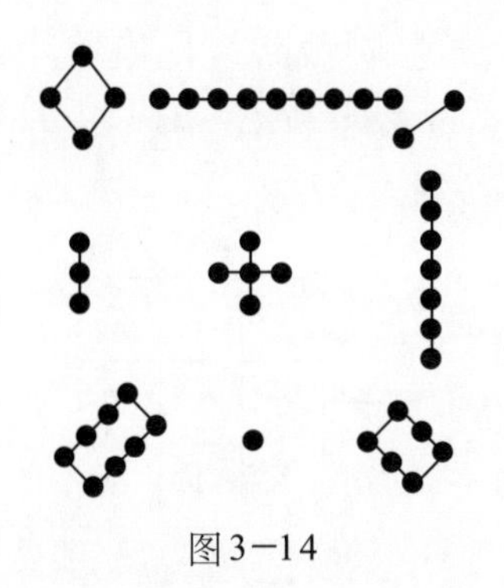

图3−14

二郎神冷笑："七零八落？嘿嘿，我看你是有来无回！"

悟空在阵前停下，和二郎神讲攻阵的规矩："你可要遵守攻守阵的规矩，我攻哪一行，哪一行的士兵才能和我交手！"

二郎神点头："放心吧！规矩我懂。"

悟空开始进攻竖着的最中间的一列（图 3−15）："我来个'黑虎掏心'！攻击你的中路！"

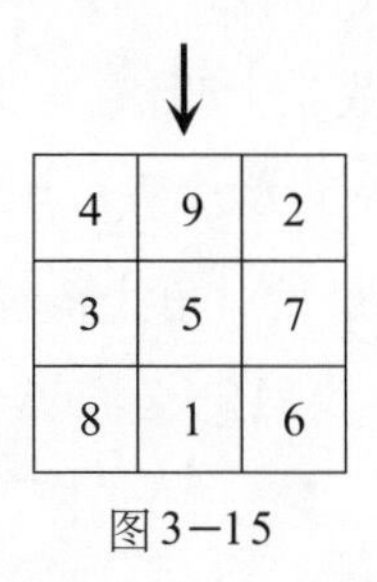

4	9	2
3	5	7
8	1	6

图3−15

最中间一列的 15 名天兵天将，举刀迎战："杀！"这 15 名天兵天将把悟空围在当中。

"呀！ 15 名天兵天将把我围了个水泄不通，看来'黑虎掏心'不对！"悟空跳出圈外，"九宫阵"又恢复原样。

悟空："这么打不成！ 15 个人太多，我要找一个人少一点的行来攻击！"

“我这次给他来个‘拦腰截断’！横着冲它一下。”这次悟空进攻横着的最中间的一行（图 3−16），这一行的天兵天将，举刀迎战：“杀！”

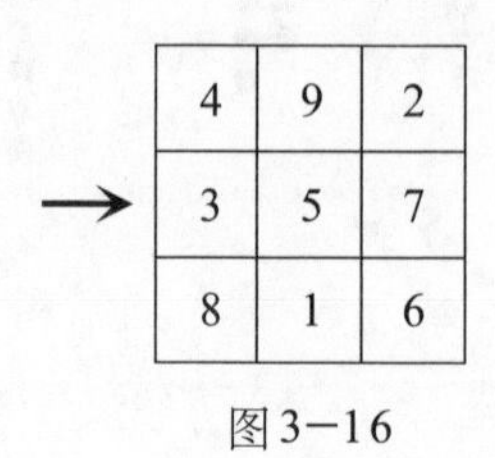

图3−16

15 名天兵天将又把悟空围在了中间。悟空感到奇怪：“1，2，3，…，15，怪了？怎么这一行又是 15 个人？”

“我就不信这个邪！我斜着再冲他一次。”悟空又要斜着冲击“九宫阵”。

数学猴拦阻：“大圣留步！不要再冲了。”

悟空问：“为什么不让我冲了？”

“二郎神的‘九宫阵’，数学上叫作‘三阶幻方’，它是由 1 ～ 9 这九个自然数组成的 3×3 的方阵。”数学猴介绍说，“这个方阵的特点是不管你是横着加，是竖着加，还是沿对角线斜着加，其和都是 15。”

悟空摇摇头：“乖乖，我说怎么冲，都是被 15 名天兵天将把我围住！”

二郎神哈哈大笑：“孙猴子，你领教了我的‘九宫阵’的厉害了吧！该你布阵了。”听到布阵，悟空有点傻。

悟空小声对数学猴说：“这排兵布阵我不懂啊！”

“大圣不要着急，看我的吧！ 45 名猴兵出来布阵！”数学猴拿起令旗指挥布阵。

众猴答应一声：“得令！”

小猴们排出一个“三阶反幻方”（图 3−17）。

9	8	7
2	1	6
3	4	5

图3-17

数学猴说："请二郎神攻阵！"

二郎神斜眼看着数学猴："一个小猴子会布什么阵？神犬，跟我往里冲！冲它的第一行！"

二郎神和神犬被24只猴兵围在中间。

二郎神吃了一惊："这……这不对呀！应该每排是15个哪？怎么出现了24只小猴子？"

神犬出主意："撤出去，再攻另一行！"

二郎神和神犬攻击第三行，结果又被12只猴兵围在了中间。

二郎神不解地问："这第三行怎么变成了12只猴了呢？不应该是15只吗？"

神犬把整个阵数了数："主子，我数过了，数学猴布的这个阵，不管你是横着加，是竖着加，还是沿对角线斜着加，其和都不一样！"

二郎神跳出圈外，指着数学猴问："你布的这叫什么阵？为何本神从来没见过？"

八戒说："你个小二郎神见过什么？我小师兄的数学别提有多棒了，够博导的水平！"

数学猴解释说："你刚才布的是'三阶幻方'，其特点是每行、每列、两条对角线上的三个数之和都相等；我布的叫作'三阶反幻方'，它的特点是每行、每列、两条对角线上的三个数之和都不相等。"

二郎神感叹地说："有正还有反，小神领教了！小神修炼千年，竟不如一只数学猴，惭愧！惭愧！小神甘拜下风，回去好好学习数学，来日再斗！”说完化作一阵清风飘去。

八戒乐了：“嘿嘿，二郎神让小师兄给震住了！”

数学秘诀

斗败二郎神，八戒竖起大拇指，夸奖数学猴：“小猴哥真厉害！把二郎神给治服啦！”

悟空问：“数学猴，学数学有没有秘诀呀？”

“学数学没有秘诀，主要靠多用脑子。”

“不对吧？我看是有秘诀你不告诉我！”

数学猴和悟空、八戒告别：“我还有事，先走一步了。”

悟空笑着说：“数学猴，你不告诉我数学秘诀，我要想办法从你嘴里掏出来！”

数学猴走在路上，突然，后面一条大蟒蛇追了上来：“咝——咝——”

数学猴回头一看，大吃一惊：“啊，一条大蟒蛇！快跑！”

蟒蛇猛地一窜，把数学猴缠住了。

数学猴大叫：“来人哪！救命！”在荒郊旷野，没人来救。

“在这荒山野岭有谁会救我？我把你割成两段！”数学猴掏出刀子用力割蟒蛇的中部。

数学猴终于把蟒蛇割成了两段，自己也累得坐在了地上：“我的妈呀！累死我了！看你还敢逞强！”

突然，蛇头大笑两声，开口讲话了，把数学猴吓了一跳：“哈哈！你把我割成了两部分，我的头部这段占全长的$\frac{3}{8}$，尾部比头部长 2.8 米，数学专家，你给我算算，我原来有多长？”

数学猴紧张地举起刀子："怪了，死蟒蛇还会说话？"

蟒蛇头说："你不要害怕，只要你算出我原来有多长，我就离开你，不然的话我就死死缠住你！"

"你说话可要算数啊！"数学猴没有办法，就开始计算，"既然你的头部占全身的$\frac{3}{8}$，尾部必然占 $1-\frac{3}{8}=\frac{5}{8}$。尾部比头部长$\frac{5}{8}-\frac{3}{8}=\frac{1}{4}$。这多出来的$\frac{1}{4}$是 2.8 米，全长就是 $2.8\div\frac{1}{4}=2.8\times4=11.2$(米)。"

蟒蛇头问："这是什么算法？"

"这叫作'已知部分求全体'。这种算法的特点是：只要知道了这一部分所占的比例，再知道这部分的具体数值，就可以把全体的数值求出来。"

"嘻嘻！你不是说学数学没有秘诀吗？你刚才说的不是秘诀又是什么？"

数学猴吃惊地说："啊？你到底是蟒蛇还是孙悟空？"

蟒蛇把头部和尾部接起来，又成了一条完整的蟒蛇，蟒蛇逃走了。

数学猴追了上去："你给我说清楚，你到底是谁？"

蟒蛇高兴地往前跑："我取得了一个数学秘诀，我走了。拜拜！"

蟒蛇回头看数学猴没追上来，在地上打了一个滚，又变成了孙悟空。

悟空笑了："嘻嘻！戏弄数学猴真好玩！我再变个花招。"

没有追上蟒蛇，数学猴继续赶路，前面树林里传出哭声："呜——呜——"

数学猴心里琢磨："蟒蛇会不会是孙悟空变的？咦？树林里怎么会有人哭？"

一只小熊拿着一条绳子正准备上吊，数学猴赶紧拦住他。

数学猴问："小熊，你为什么要自杀？"

小熊哭丧着脸说："老师给我们留了一道数学题，我不会做，回家爸爸一定要狠打我屁股！”

“为做一道数学题，也不至于自杀啊！”数学猴说，“你把那道题说一遍。”

小熊说：“把252分成三个数，使这三个数分别能被3、4、5整除，而且所得的商相同，求这三个数。”

数学猴说：“可以先求商。因为$(3+4+5)\times$商$=252$，所以商$=\frac{252}{3+4+5}=\frac{252}{12}=21$。有了这个共同的商，就可以把三个数求出来：$3\times21=63$，$4\times21=84$，$5\times21=105$。”

小熊问：“这是什么算法？”

“这叫作‘已知全体求部分’。这种算法的特点是：只要知道了全体的数值，又知道各部分所占的比例，就可以把各部分求出来。”

小熊变成了孙悟空：“我又学到一个数学秘诀，哈哈——”笑着跑了。数学猴在后面追。

“果然是孙悟空变的！大圣，你别走！”

合力斗巨蟒

数学猴继续往前走，发现又一条大蟒蛇跟在后面，数学猴以为又是孙悟空变的。

数学猴半开玩笑地说：“孙大圣，你又要什么花招？还是要数学秘诀？”

蟒蛇突然缠住了数学猴，张开血盆大口要吞下数学猴：“数学猴虽说瘦了点，吃进肚子里也能管个把小时。”

数学猴慌了：“你怎么真吃呀？救命！”

悟空变成一只蜜蜂，飞近数学猴的耳边，小声说：“数学猴不要害怕，你照着它的左眼猛击一拳，我就把你替换出去！”

“好！”数学猴照着蟒蛇的左眼猛击一拳。

“啊！”蟒蛇大叫一声。

趁数学猴猛击蟒蛇的左眼之际，数学猴跳了出去，悟空变成数学猴钻到原来的位置。

狂怒的蟒蛇叫道：“还敢打我？我吞了你！”张开大嘴，一口把悟空变的数学猴吞了进去。

孙悟空高兴地说：“哈！进蟒蛇肚子里去玩会儿。”

“里面地方还挺大，待俺孙悟空练上一路棍！咳！咳！”悟空在蟒蛇肚子里耍了起来，把蟒蛇疼得直打滚。

“哎哟！疼死我了！孙大圣饶命！”

这时出来一条白蛇和一条黑蛇来救蟒蛇。

白蛇问：“蛇王，我们怎么帮你？”

蟒蛇指着自己的肚子：“孙悟空在我肚子里，你们帮不了我。”

孙悟空在蟒蛇的肚子里说话：“嗬！你还是蛇王哪？想当头儿数学必然好，我来考你两道题吧！”

蟒蛇哀求：“只要大圣不在我肚子里练功，题目随便出。”

“听说你们蟒蛇最爱吃兔子了。现在有一群兔子和若干条蛇，这些蛇想平分这群兔子。如果每条蛇分 4 只兔子，则多出了 2 只兔子；如果每条蛇分 5 只兔子，则少了 4 只兔子。你说说，有几只兔子，几条蛇？”

蟒蛇摇摇头：“我脑子笨，不会算，白蛇你脑子好使，你会算吗？”

白蛇也摇摇头：“这题太难，我不会算。”

悟空叫数学猴：“数学猴，出来给他们算算。”

“来喽！”数学猴从树上跳了下来。

数学猴说：“设有 x 条蛇，y 只兔子。由‘如果每条蛇分 4 只兔子，

则多出了2只兔子’得

$$y=4x+2,$$

由‘如果每条蛇分5只兔子，则少了4只兔子，可得

$$y=5x-4。$$

由于$y=y$，得 $4x+2=5x-4,$

$$x=6,$$

而 $y=4\times6+2=26$。

有6条蛇和26只兔子。”

悟空在蟒蛇的肚子里问：“嘿，听明白没有？”

蟒蛇乖乖地答：“明白了，我们保证以后都不欺凌弱小了，还请大圣放我们一条生路。”

悟空说：“好吧，如若再犯，定不会饶过你们。”

4. 数学猴和沙和尚

河中的怪物

数学猴还是在旅行，一日来到一条大河边。数学猴想过河，可是河中一条船也没有，只见河边立有一石碑，碑上写有“流沙河”三个字。

数学猴自言自语：“这就是有名的流沙河，《西游记》中的沙和尚就住在这里。我怎么过河呢？”

话音未落，突然河中掀起滔天巨浪，十分吓人。

“啊！这是怎么啦？”

只见沙和尚从巨浪中出现，他手执降魔杖，脖子上挂有由 16 个骷髅组成的念珠。

沙和尚问：“是谁在叫我沙和尚？”

数学猴解释：“我想过河，可是没有船，不知该如何是好。”

“这个好办。”沙和尚摘下脖子上的一串骷髅，“你看，这 16 个骷髅上分别写着从 1 到 16 的数字。”

数学猴皱着眉头：“哇，吓死人啦！”

4×4

“你只要把这 16 个骷髅按照‘幻方’排列，再拔一根你身上的猴毛放到正中间骷髅的上面，就能成为一个过河的工具，你还愁过不了河？”

数学猴惊奇地问：“你也知道‘幻方’？”

“当然知道，是我二师兄猪八戒教给我的。”沙和尚十分骄傲地说，“二师兄遇到了一个叫数学猴的小猴子，这个小猴子鬼机灵，数学特别好！”

数学猴又问：“这 16 个骷髅摆成什么‘幻方’？”

“把 1 到 16 这 16 个数，排成 4 行 4 列的正方形，使得每一横行、每一竖行和两条对角线的 4 个数字之和都相等，就是 4 阶幻方。”看来沙和尚还真懂。

“噢，4 阶幻方啊！我会排。”数学猴用 16 个骷髅排出了“4 阶幻方”(图 4−1)。

16	3	2	13
5	10	11	8
9	6	7	12
4	15	14	1

图4－1

“排出来啦！”数学猴又拔了一根猴毛，放在中间。

猴毛刚刚放好，突然，16 个骷髅不见了，出现了一张飞毯。

数学猴高兴极了：“哈，不是船是飞毯！”

数学猴和沙和尚坐上飞毯，向对岸飞去。

数学猴在飞毯上又蹦又跳：“好噢！飞过河啦！”

沙和尚警告说：“不要喊，黑龙正在睡觉哪！”

“哗！”河中突然掀起黑色的巨浪，把飞毯掀翻，数学猴掉进河里。

数学猴高呼："沙和尚救命！"

从水中钻出一条黑龙，手执钢叉，一把抓住了数学猴。

黑龙恶狠狠地说："我晚上失眠，中午睡觉就怕人吵，我刚睡着，你就大声喊叫，搅了我的好梦，你该当何罪？"

数学猴解释说："我不是有意的，对不起！"

沙和尚跑了过来说："黑龙，快把这个小猴子还给我！否则，我打烂你的龙头！"

黑龙把眼一瞪："反正也睡不着了，我要和你大战300回合！"

黑龙举叉就刺："看我的钢叉！"

沙和尚不敢怠慢，抡起降妖杖就砸："接我的降妖杖！"

沙和尚和黑龙打在了一起。

沙和尚和黑龙在空中翻飞格斗，"当！当！"把数学猴看傻了。

数学猴嘴里一个劲地喊："酷！真酷！"

黑龙打累了，落到数学猴身边，对数学猴说："看你小猴子长得挺聪明，我最相信算卦，你给我算一卦，看我能不能赢沙和尚？"

"行！"说着数学猴拿出两张卡片，拿在手中。

数学猴说："这两张卡片一样，一面写着'胜'，另一面写着'败'。我扔下，如果出现'胜''胜'，你必胜；如果出现'胜''败'就打平；如果出现'败''败'，你必输无疑。"

"好，你扔吧！"

数学猴把两张卡片扔在地上，卡片在地上"滴溜溜"转了几圈倒了下来，出现了"败""败"两个字。

"啊，出现两个'败'字，天绝我也！走啦！"黑龙大叫一声钻入水中。

沙和尚问数学猴："小猴子，这是怎么回事？"

数学猴把卡片拾起来："你看，卡片的两面都写着'败'，黑龙能不跑吗？哈哈！"

路遇假八戒

一只野猪精在河边转，他有好几天没吃东西了："这里穷山恶水，什么好吃的也没有，饿死我啦！"

野猪精看见数学猴和沙和尚上了岸："嘿，一只小猴子！送上门的美餐！不过沙和尚不好惹，对，我变成猪八戒，把小猴子骗到手。"

"变！哈，猪八戒！"野猪精变成了猪八戒，但是耳朵比较短，扛的是7齿钉耙。

假猪八戒叫住沙和尚："沙师弟，等等我！"

沙和尚感到奇怪："咦？二师兄，你怎么跑到这儿来了？"

假猪八戒也不搭话，只是不断地闻数学猴："我饿！找你要饭吃。真香，真香！"

数学猴觉得不对头，就说："八戒，我给你出一道题，看看你饿晕了没有。"

假猪八戒说："我要是答对了，我要吃谁，就得给谁！"

"行！"数学猴说，"饭店里有大小两种包子，我看见一个人递给售货员一张两元钱，售货员问他买大包子还是小包子？接着又进来一个人，也递给售货员两元钱，售货员连问也不问，就递给他一个大包子。你说售货员为什么不问第二个人呢？"

假猪八戒说："那还用问吗？后来这个人一定是售货员的亲戚，售货员收了小包子钱，递给他一个大包子！对吧？"

"不对！"沙和尚在一旁说，"二师兄心眼怎么变坏了？"

假猪八戒瞪着眼睛说："谁像你那么傻！你不应该叫沙和尚，应该改名叫傻和尚！我说小猴子，你说我答得不对，你说是怎么回事？"

数学猴说："大包子的价钱一定在1元5角钱以上，小包子的价钱在1元5角钱以下。"

“多新鲜哪！大包子肯定比小包子贵。”

“第二个人递给售货员的不会是一张两元的，也不会是两张一元的。比如是一张一元的和两张 5 角的，这时售货员就肯定知道你要买 1 元 5 角以上的包子，当然递给他一个大包子。”

“我哪里去找肉包子？我吃顿猴肉吧！”假猪八戒张嘴就咬数学猴。

数学猴高呼：“沙和尚，救命！”

沙和尚用降魔杖抵住假猪八戒：“二师兄怎么变得如此无理？”

数学猴说：“他不是真猪八戒，你看他的耳朵有多短，你看他扛的是 7 齿钉耙，而真猪八戒扛的是 9 齿钉耙。”

野猪精变回原来面目，左右手各拿一把鬼头刀，扑了上去：“既然被你们看穿了，我就把小猴子和你傻和尚一起吃了吧！”

“啊！是假货！”沙和尚叫道，“看杖！”

野猪精说：“吃我一刀！”

沙和尚和野猪精打在了一起。

“嗨！嗨！”沙和尚越战越勇，把个降妖杖舞得“呼呼”生风。

野猪精有点招架不住：“这个傻和尚，力大杖沉，再打下去我就完了。”

“三十六计，走为上。我走吧！”野猪精夹起数学猴就走。

数学猴问：“你要把我带到哪儿去？”

野猪精说：“回我的窝，2657 号山洞。”

数学猴心想：回到他的洞，还有我的好？不是清蒸就是红烧！

数学猴大叫：“我要大便！”

野猪精放下数学猴：“嗨！真麻烦！快点！沙和尚追上来了。”

图 4－2

数学猴趁大便的机会在地上画了一张图（图 4−2）。

野猪精催促：“还有时间瞎画，快走！”

山中的女子

沙和尚拿着降魔杖追了上来，看到地上的画："咦？怎么野猪精和小猴子都不见了？这地上的画是什么意思？"

沙和尚琢磨："这 5 个图形都是左右对称的。这些图形被 2 除是什么意思？应该是只要一半。要右边的一半就是 2、6、5、7，连起来是一个四位数 2657。最后一个圆圈应该是一个洞。"

沙和尚恍然大悟："明白了，野猪精是把小猴子带到了 2657 号洞了。我得赶紧去救他！"

在洞中，野猪精正用铁锅烧水，边烧边唱："今天吃白煮猴肉，这可是一道名菜啊！吃猴肉有神通，越吃越聪明！啦——啦——啦——"数学猴被捆在一旁等着下锅。

沙和尚飞进洞中，一杖打穿铁锅："野猪精哪里逃！"

开水溅了野猪精一身："呀！烫死我啦！"

野猪精非常奇怪："傻和尚，你怎么这么快就找到我了？"

"小猴子给我留下了秘密联系图。"沙和尚举杖就砸，"看杖！"

野猪精自知不敌："哇！你们可以吃白煮猪肉啦！"沙和尚一杖打死野猪精。

数学猴也饿得没劲了："饿死我了！"

沙和尚感到为难："在这深山老林里，到哪儿去弄吃的？"

这时一位年轻女子提着一个青砂罐走来。

数学猴忙问："这位大姐，青砂罐里装的是什么？"

女子柔声地说："是刚出锅的素馅包子，是用香油拌的馅。"

数学猴一听有包子，立刻来了精神："啊，素馅包子！有多少个？"

女子说："我把这罐里的所有包子的一半再加半个，给这位和尚；把剩下的一半再加半个给你；把剩下的一半再加半个给和尚；把最后剩下的一半再加半个恰好是 1 个包子给你，包子也分完了。注意，每次分的包子都是整个的，不许掰开。”

沙和尚捂着脑袋：“我的妈呀！把我给分晕了。”

“有包子吃，我不晕！这类问题应该倒着推。”数学猴说，“由于把最后的 1 个包子给了我，包子恰好分完。沙和尚第二次分得的是我的两倍，是 2 个包子。我第一次分得的是沙和尚的两倍，应该是 4 个，而沙和尚第一次分得的是我的两倍，分到 8 个。总数是 $1+2+4+8=15$(个)。”

“对吗？我来算算。”沙和尚有点不放心，“15 的一半是 7.5，$7.5+0.5=8$，第一次分我 8 个没错！还剩下 7 个；7 个的一半是 3.5 个，再加上 0.5 等于 4 个也对，还剩下 3 个；3 的一半是 1.5，加上 0.5 等于 2，也对，还剩下 1 个；1 个的一半是 0.5，再加上 0.5 正好是 1 个。对！”

数学猴伸手要拿包子：“我可要拿包子啦！”

沙和尚急忙拦阻：“慢！在这荒无人烟的大山里，哪来的年轻女子？”

数学猴问：“你说她是什么人？”

“据我的经验，她八成是妖精！你绕到她身后看看。”

女子生气地说：“你这个出家人，怎么能胡说八道？诬蔑好人！”

数学猴绕到女子的身后，看见有一条狼尾巴：“哇！一条狼尾巴！”

“我打死你这个狼精！”沙和尚举起降魔杖，向狼精打去。

“呀！我的戏法变漏了。我不和你傻和尚斗，我走了！”狼精化作一股旋风，“呜——”的一声逃走了。

数学猴直奔青砂罐走去：“哈，盛包子的罐子，她没拿走。有包子吃啦！”

沙和尚忙说：“别动！”

数学猴已经打开了盖子，几只癞蛤蟆从罐里跳出来“呱——呱——”

“哇！不是包子，是癞蛤蟆！哼——”连饿带吓数学猴晕倒在地。

沙和尚扶起数学猴：“小猴子，你怎么啦？”

大战黄袍怪

沙和尚叫了半天，也没把数学猴叫醒："看来数学猴是饿晕了，我要背他找一处人家，弄点吃的。"沙和尚背起数学猴就走。

来到一个山洞，沙和尚把数学猴放到地上，抬头一看，看见洞门上面写着"波月洞"三个大字，大门紧闭。

沙和尚一皱眉头："波月洞？这不是黄袍老怪住的地方吗？怎么进去？"

门前贴有一张纸条，纸条上写着：

> 这里面装着五张卡片，你取出四张卡片，排成一个四位数，把其中只能被 3 整除的挑出来，按从小到大的顺序排好，取出组成第三个数的 4 张卡片，依次插入门缝，洞门自开。

沙和尚拿起五张卡片，分别写着 0、1、4、7、9。

沙和尚摆弄五张卡片："我挑哪四张呢？"

这时数学猴醒来。数学猴说："挑 0、1、4、7 这四张。"

"小猴子，你可醒了。为什么不挑 0、1、4、9 哪？"

"$0+1+4+9=14$，14 不是 3 的倍数，由它们组成的四位数不能被 3 整除。而 $0+1+4+7=12$，12 是 3 的倍数，所有由 0、1、4、7 组成的数才符合要求。"

沙和尚也爱动脑筋："可是，$1+4+7+9=21$，由 1、4、7、9 组成的四位数也可以被 3 整除呀！为什么不取 1、4、7、9 这四张哪？"

数学猴一竖大拇指："沙哥这个问题提得好，由 0、1、4、7 组成的四位数，前几个是 1047、1074、1407、1470……第三个是 1407。而由 1、4、7、9 组成的四位数，最小的是 1479，从小到大排，它要排在 1470 后面，要排第五个，前三个没它的份儿。"

“小猴子说得有理，我把 1、4、0、7 这四张卡片依次插入门缝。”沙和尚刚刚把四张卡片插入门缝，洞门大开。

数学猴高兴地说：“洞门开喽！我可以进去找吃的啦！”

“慢！小心里面有黄袍老怪！”沙和尚话声未落，黄袍老怪从洞里杀了出来，它长着青靛脸，红头发，白獠牙，身披黄袍，手拿一口追风取命刀。

黄袍老怪用刀一指：“何人如此大胆，敢闯我的山门！”

沙和尚解释：“我的兄弟小猴子饿坏了，来你这儿要点吃的。”

黄袍老怪把眼一瞪：“我还饿了三天哪！你们来了，正好够我吃一顿的。拿命来！”

“黄袍老怪休要逞强，让你尝尝我沙和尚的厉害！”沙和尚拿杖，黄袍老怪拿刀，打在了一起。

两人你来我往，战了足有 50 个回合，沙和尚渐渐体力不支。

黄袍老怪叫道：“我们已经大战 50 回合，我越杀越勇！”

沙和尚没了精神：“肚里无食，我已经打不动了。”

黄袍老怪飞起一脚：“去你的吧！”

“哎呀！”沙和尚被踢倒在地。黄袍老怪举刀要砍沙和尚：“我把这个和尚砍了！”

数学猴扑在沙和尚身上保护他：“不许你伤害沙和尚。”

“他不是沙和尚，他是大老虎！不信你看。噗！”黄袍老怪对着沙和尚吹了一口气，沙和尚立刻变成了大老虎，吓得数学猴跳了起来。

“哇！真是大老虎呀！”

黄袍老怪抓住数学猴就往山洞里走：“用小猴子蘸酱油，再加点香菜末，吃起来，味道好极了！”

数学猴大叫：“孙悟空救命！孙大圣快来呀！”

说时迟，那时快。一道闪光，孙悟空从天而降，举棒就打：“黄袍老怪，吃我一棒！”

黄袍老怪深知孙悟空的厉害：“啊，这孙悟空来得怎么这样快呀？我快逃吧！”

“把我沙师弟变回来，噗！”孙悟空对着沙和尚吹一口气，沙和尚变回原样。

孙悟空递给数学猴一个手机：“数学猴，我正在大学里学习现代科学技术，给你一个手机。以后找我，给我打电话。”说完就不见了。

数学猴高兴得跳了起来：“酷！酷毙啦！”

沙和尚惊讶地说：“原来你就是数学猴呀！怪不得数学那么好。以后我不再叫你小猴子了，叫你的大名数学猴！”

先斗银角大王

数学猴和沙和尚一同赶路。

数学猴说：“沙和尚，你已经送我很远了，不用再送我了，让我自己走吧！”

沙和尚摇摇头：“这一带山高林密，妖怪经常出没。看，来到平顶山了。”

走上平顶山，他们发现一个写着“莲花洞”的山洞，数学猴探头往里看。

“这个洞叫‘莲花洞’，洞里一定有莲花，让我进去看看。”

沙和尚提醒：“留神！”

突然，“呼——”的一阵怪风，从洞里刮出，随着怪风，洞里飞出一个妖怪，叫银角大王，手里拿着七星剑。

银角大王大喝：“我乃银角大王，何人如此大胆，偷看我的山洞？”

“我是数学猴，想看看洞里有没有莲花！怎么啦？”

“偷看我山洞的秘密，还敢嘴硬，看剑！”银角大王举剑直击数学猴。

沙和尚用降魔杖挡住银角大王的七星剑："哪来的银角魔怪？休要无礼！"

银角大王把剑舞得银光闪闪："吃我的削铁如泥的七星剑！"

沙和尚把杖抡得水泼不进："尝尝我的力大棒沉的降魔杖！"

大战100回合，不分高下，银角大王取出一个红葫芦，底朝天，口朝地，拿在手中。银角大王问："让你尝尝我紫金红葫芦的厉害！我叫你一声，你敢答应吗？"

沙和尚把嘴一撇："别说是叫一声，就是叫十声，你沙爷爷也敢答应！"

银角大王叫："沙——和——尚——"

"唉！"沙和尚一答应，立刻被吸进了葫芦里。

沙和尚纳闷："怎么回事？我被吸进葫芦里了！"

银角大王锁好葫芦口的密码锁："哈哈！我锁好密码锁，回洞喝酒去了！"

数学猴跟进洞里，见银角大王和几个妖怪正在开怀畅饮。

妖怪说："大王果然厉害，把100多千克的沙和尚，硬给装进小葫芦里了！"

银角大王得意地说："不知道密码，沙和尚别想出来，哈哈！"

一杯接一杯，众妖怪都醉了。

银角大王举着酒杯："咱们——再干10杯！我没醉！"

不一会儿，银角大王和几个妖怪都喝得烂醉如泥，数学猴趁机偷得红葫芦。

"我拿走你的红葫芦，你都不知道，还说没醉哪？"

数学猴看葫芦上的字：

密码是由六位数1*abcde*组成，把这个六位数乘以3，乘积是*abcde*1。

数学猴列出一个算式：

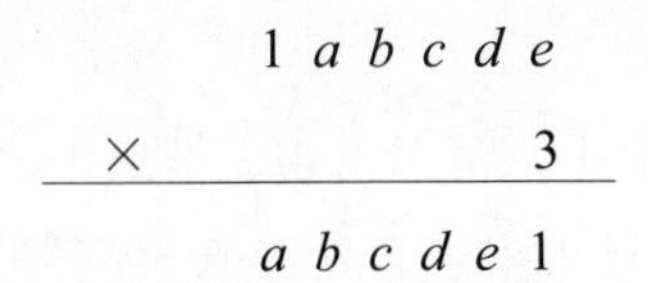

$$\begin{array}{r} 1\,a\,b\,c\,d\,e \\ \times \quad\quad\quad\quad 3 \\ \hline a\,b\,c\,d\,e\,1 \end{array}$$

“从右往左考虑。$e\times3$ 的个位数是 1，而只有 $7\times3=21$，e 必定是 7。由于 21 在十位上进了 2，这样 $d\times3$ 的个位数必定是 5，可知 d 等于 5。同样可推出 $c=8$，$b=2$，$a=4$。”

数学猴高兴地说：“哈，密码是 142857。我打开密码锁，救出沙和尚。”

沙和尚出了葫芦，要找银角大王算账：“这个魔头竟敢用暗器伤我，我要和他再战 300 回合！”

“沙和尚不要动怒！”数学猴举着葫芦，“红葫芦现在在咱们手里，咱们也酷一把！”

“怎么酷？”

数学猴说：“你把那个银角大王叫出来。”

沙和尚对着洞口高喊：“银角小贼，快快出来受死！”

银角大王醉意全消，提剑出了山洞，看见沙和尚觉得十分奇怪：“咦，沙和尚，你怎么跑出来了？”

数学猴叫他的名字：“银——角——大——王——”

“哎！”银角大王一答应也被吸进葫芦里。

银角大王大吃一惊：“哇——我也被吸进葫芦里啦！”

数学猴笑着说：“乖乖！你也一样进来。”

突然，天空中出现金角怪物：“何人大胆，敢把我的兄弟装进葫芦里！”

数学猴说：“这肯定是金角大王了！”

再斗金角大王

金角大王带着两个小妖精细鬼和伶俐虫来了。金角大王一指沙和尚："秃和尚快把我的兄弟银角大王放了，不然的话，让你们死无葬身之地！"

沙和尚"嘿嘿"一阵冷笑："你吓唬小孩去吧！"

"精细鬼、伶俐虫给我把这个和尚和这个小猴子拿下！"金角大王一声令下，精细鬼和伶俐虫各持一把弯刀，奔沙和尚和数学猴杀去。

"吃我一杖！"沙和尚只一降魔杖就把精细鬼打死。

金角大王抛出法宝晃金绳："沙和尚，尝尝我的晃金绳的厉害！"

"哇！一条金绳向我飞来。"沙和尚想逃走已经来不及了，晃金绳一匝接一匝把沙和尚捆了个结实。

沙和尚对数学猴说："坏了，我被晃金绳捆了。"

金角大王"哈哈"大笑："量你也逃不出我的手心！"

伶俐虫追杀数学猴，伶俐虫横砍一刀："看刀！"

数学猴跳起抓住了树枝，上了树："嘻，我上树了。"

"你往哪里逃！我也会上树。"伶俐虫爬树追杀数学猴。

"吃我一泡尿！"数学猴从树上冲他撒了一泡尿。

"这是什么武器，臊死啦！我晕了。"伶俐虫被尿熏晕。

数学猴笑着说："这叫生物化学武器，只有我们猴子才有。嘻嘻！"

数学猴把伶俐虫捆了起来，拿着他的弯刀问他："快告诉我，念什么咒语才能让晃金绳松绑？"

伶俐虫晃晃脑袋："只有说出晃金绳的长度，才能松绑。"

数学猴把刀放在他的脖子上："快告诉我，晃金绳有多长？"

伶俐虫说："这个我不知道。只见过金角大王用它量过身高。"

"量的结果是什么？"

“金角大王把晃金绳折成3段去量，绳子比他多出2米；金角大王把晃金绳折成4段去量，绳子还比他多出1米。”

数学猴开始计算：

“晃金绳折成3段时：

每一段绳长$=\frac{1}{3}$晃金绳长$=$金角大王身高$+2$米；

晃金绳折成4段时：

每一段绳长$=\frac{1}{4}$晃金绳长$=$金角大王身高$+1$米。

两个式子相减：

$(\frac{1}{3}-\frac{1}{4})$晃金绳长$=2-1=1$(米)，

晃金绳长$=1\div(\frac{1}{3}-\frac{1}{4})=1\div\frac{1}{12}=12$(米)。”

沙和尚冲数学猴喊：“快帮我把绳子解开！”

数学猴冲沙和尚喊：“12米。”

沙和尚苦笑：“我让数学猴给我解开绳子，他却叫‘12米’？精神病啦？”

沙和尚突然发现捆绑自己的晃金绳自动松开：“嘿，绳子松开了。我要去找那金角老妖算账去！”沙和尚提杖去找金角大王算账。

见到金角大王，沙和尚喊道：“金角老妖吃我一杖！”

仇人见面分外眼红，金角大王狂叫：“你还我兄弟，看剑！”

金角大王用剑，沙和尚用杖，打在了一起。

数学猴拿着红葫芦，口朝下，底朝上，叫道：“金角大王！”

金角大王答应：“哎——”

数学猴打开葫芦口，金角大王就奔葫芦口飞去。

金角大王恐慌极了：“哇！我被吸进葫芦里去了！”

银角大王看葫芦盖被打开，想从葫芦里出来，结果被金角大王推了进去。

银角大王说："大哥，我要出来！"

金角大王说："兄弟咱俩一块进去吧！"

数学猴给孙悟空打电话："喂，是孙悟空吗？我们得了一条晃金绳，和一个装有两个妖怪的紫金红葫芦，你来处理一下吧！"

孙悟空只翻了一个跟头，就赶来了，他手拿着两件宝贝说："这都是太上老君的东西，葫芦是装丹的。晃金绳是太上老君的裤腰带。"

数学猴吃惊地说："啊，用这么长的裤腰带！这腰有多粗呀！"

智斗红孩儿

沙和尚和数学猴一同前行。

数学猴说："你送了一程又一程，请回去吧！"

沙和尚摇摇头："你还在危险区中，前面妖怪还多，我不放心哪！"

正说着，忽然林中传出"救命"的呼声："救命啊——救命！"

数学猴一愣："哪里有人喊救命？"

经过寻找，发现一个小男孩穿着一个红兜兜，四肢被捆着，倒吊在树上。

小孩看见数学猴，说道："我被强盗吊在树上，数学猴救命！"

"多么可怜，别着急，我上树救你！"数学猴"噌噌"几下就爬上了树，把小孩救下。

数学猴对沙和尚说："你看这个小孩多可怜，你背背他吧！"

沙和尚背起小孩，心里犯嘀咕："这深山老林里怎么会出来一个小孩？奇怪！"

沙和尚背着小孩没走几步，满头是汗："不对呀！这小孩怎么越背越沉？他一定是个妖怪！"

数学猴说：“哇——这么漂亮的小孩会是妖怪？你发昏了吧！”

沙和尚一侧身把小孩扔进山涧里：“你骗我沙和尚老实，去你的吧！”

数学猴大惊：“啊，你怎么能把他扔进山涧里啦！太残忍啦！”

突然，被扔下山涧的小孩从火云洞中飞出，手提火尖枪。

小孩用手一指：“嘀！我乃牛魔王之子，红孩儿是也。我听说吃了数学猴的肉，数学水平可以增长10倍，我在这儿等候你们多时了。”

到这时数学猴才明白：“呀！真是妖精，还要吃我的肉！”

“我把你这个小红妖精，劈成8瓣！嗨！”沙和尚抡杖就打，红孩儿举枪相迎。

“我先收拾了你这个老和尚，再吃数学猴也不迟。”

大战50回合后，红孩儿渐渐体力不支，他虚晃一枪，逃回火云洞。

沙和尚在后面紧追：“小红妖精哪里逃！”

红孩儿说：“有种的你别走！”

不一会儿，红孩儿领小妖从洞中推出5辆小车，地上事先画有一个3×3的方阵，小妖把小车推到一个方阵中，各自占据一个格（图4−3画圈的5个格里）。

②	1	⑨
4	③	8
⑥	5	⑦

图4−3

红孩儿对小妖说：“给他们摆个‘阶梯火龙阵’，让他们尝尝我红孩儿的厉害！”

红孩儿右手捏着拳头，照自己鼻子上猛捶两拳。

数学猴问：“红孩儿怎么自己打自己的鼻子？”

沙和尚摇头：“大概有精神病。”

突然，红孩儿用枪向前一指：“烧——”他口中喷火，5 辆车上也燃起大火，火向数学猴和沙和尚扑来。

数学猴和沙和尚抱头鼠窜。

“哇！猴屁股着火啦！”

“我头上的几根毛也着了！”

红孩儿高兴地说：“哈哈，小的们，咱们先进洞休息，待会儿，出来吃烧猴肉。”

“得令！”红孩儿得胜收兵。

沙和尚和数学猴商量对策。

沙和尚咧着嘴说：“他的火龙阵太厉害啦！”

“我看出来啦！红孩儿排的是‘阶梯火龙阵’，也就是说第二行的 3 个数 438，正好是第一行 3 个数 219 的 2 倍，第三行的 657 正好是 219 的 3 倍。而当 1 在第一行的正中间时，火焰就向前烧。”

“你有办法破他的阵吗？”

“我让他的‘阶梯火龙阵’的倍数关系保持不变，而把 1 调到第三行的正中间，我这么一改，火就往后烧。你就瞧好吧！”数学猴偷偷溜了过去，把红孩儿摆在地上的“阶梯火龙阵”改了（图 4-4）。

2	7	3
5	4	6
8	1	9

图4－4

沙和尚十分谨慎：“我算算：546＝2×273，819＝3×273，对！3 倍的关系没变。”

数学猴说："叫阵！"

沙和尚在火云洞前叫阵："小红妖精，你把沙爷爷的头发烧没了。快出来受死！"

红孩儿带着5辆车出来："这和尚还真经烧！我这次把你烧透了。"

红孩儿又打自己鼻子两拳，用枪往前一指："嗨！嗨！给我烧！"

这时，火焰突然向后烧，把红孩儿和小妖烧着了。

红孩儿大惊："哇！这火怎么向后烧了？"

众小妖大叫："救命啊！"

数学猴说："这叫以其人之道还治其人之身！哈哈！"

激战鳄鱼怪

战胜了红孩儿，数学猴和沙和尚来到一条大河旁，河边立有一石碑，上写"衡阳峪黑水河"。

数学猴看着河流淌着墨一样的黑水，说："咱俩来到了黑水河，怪不得河水这么黑哪！"

这时看见两个路人乘上一条小船，一名船夫正撑篙渡他们过河。

数学猴高兴了："嘿，那儿有一条小船，等一会儿咱俩也坐那条船过去。"

沙和尚却摇摇头："我看那名船夫，满脸妖气，不像好人！"

船行得很快，转眼到了河中央。只见船夫用篙在空中画了一个圆圈，又大叫一声："呶——来吧！"黑水河突然掀起了巨浪"哗——哗——"

两名乘船人掉进河里，船夫变成一条大鳄鱼，只见他长了张方脸，蓝眼睛，一头乱发，穿着一身铁甲战袍，张开血盆大口在咬乘船人。

乘船人呼喊："救命啊——"

鳄鱼怪大笑："哈，又一顿美餐！"

“可恨的妖孽，拿命来！”沙和尚飞身直奔过去，抡起降魔杖，朝鳄鱼怪打去。

“嘿，来了一个管闲事的和尚。”鳄鱼怪手执一根竹节钢鞭，和沙和尚打在了一起。

沙和尚喝道：“小小妖孽有何本事？”

鳄鱼怪也不示弱：“让你尝尝我的竹节钢鞭的厉害！嗨！嗨！”

鳄鱼怪哪里是沙和尚的对手，没战上几个回合，已经体力不支。

鳄鱼怪说：“秃头和尚果然厉害，我去把虾兵蟹将搬来助阵！”说完钻进水中去搬兵了。

沙和尚追了上去，大喊：“妖怪，你哪里逃？”可惜晚了一步。

突然，河里波涛汹涌，河面上出现了由虾兵蟹将组成的方阵（下面示意图 4-5 中□表示虾兵，★表示蟹将）。

★　★　★　★　★……
★　★　★　★　★……
★　★　□　□　□……
★　★　□　□　□……
★　★　□　□　□……

图 4-5

鳄鱼怪叫道：“这是由虾兵蟹将组成的方阵，其中蟹将占了其中的两行和两列，蟹将共有 76 名，你能知道虾兵蟹将一共有多少吗？”

沙和尚直挠自己的光头：“让我打这些虾兵蟹将，不在话下。如果算的话，还要靠数学猴了。”

数学猴说：“你打，我算，妖精准完蛋！不过，你先算算试试。”

“好，我先试试。蟹将占了方阵中的两行和两列，如果把列换成行哪，不妨看成是 4 行。4 行共有 76 名蟹将，每行有 $76\div4=19$(名)，方阵总数是 19×19=361(名)，我算出来了，总共有 361 名虾兵蟹将。”

数学猴连连摆手：“不对，不对！”

数学猴在地上列了一个算式：“应该这样算：方阵中每行蟹将有(76+2×2)÷4=20(名)。”

沙和尚摇头：“76 为什么还要加上 2×2，再除以 4？不懂！”

数学猴给沙和尚讲解：“左上角的 4 名蟹将在按行数蟹将的时候，数过他们一次；而按列数蟹将的时候又数过他们一次。在方阵中这 4 名蟹将一个顶两个用了，所以要再加上他们一次。”

数学猴算出总数：“这个虾兵蟹将方阵一行有 20 名，总共有 20×20=400(名) 虾兵蟹将。”

“嗨，我以为有多少哪！才区区 400 名。擒贼先擒王，我还是先拿下这个鳄鱼怪吧！”

“看杖！”沙和尚一杖下去，鳄鱼怪举鞭相迎，只听“咯嚓”一声，鳄鱼怪的竹节钢鞭被打成两节。

鳄鱼怪大叫：“我的妈呀！我的手都震麻了！我溜吧！”

“鳄鱼怪你哪里逃！”鳄鱼怪前面跑，沙和尚后面追。

突然，鳄鱼怪用尾巴猛扫沙和尚：“吃我的回马枪！”

只听“啪”的一声沙和尚被扫倒在地。

沙和尚说：“好厉害的尾巴！”

沙和尚趁势又一杖：“我让你凶！”把鳄鱼怪的尾巴打成两节。

“哇！尾巴没了！”鳄鱼怪逃进虾兵蟹将方阵。

鳄鱼怪将手一举：“小的们，拦住这个和尚！”

虾兵蟹将齐呼：“杀呀！”直奔沙和尚杀来。

沙和尚抡起降魔杖大喊：“不怕死的上来！嗨！”

“哇——没命啦！”虾兵蟹将纷纷倒地。

数学猴在岸上叫：“沙和尚，把那些半死不活的虾兵蟹将，扔上几个来，我要吃海鲜！”

“好的，快接着！管饱！”沙和尚往岸上扔虾兵蟹将。

虎力大仙

吃饱喝足了，沙和尚和数学猴往前赶路，只见许多老百姓正往回跑。

老百姓边跑边喊：“吃人啦！虎力大仙吃人啦！”

数学猴一愣：“这是怎么回事？”

数学猴拉住一位老人问个究竟：“老大爷，谁吃人了？”

老人上气不接下气地说：“是——虎力大仙。他守住一个山口，给每个过路的人出一道智力题，答对的可以过，答不对，就——吃掉！”

数学猴对沙和尚说：“咱们去会会这位虎力大仙。”

沙和尚点头：“对！咱们要为民除害！”

虎力大仙正把住山口，远远看见数学猴和沙和尚走来。

虎力大仙高兴：“嘿，又来两个送死的！”

数学猴一指虎力大仙：“喂，你快点出题！我都等不及啦！”

“还有等死都等不及的。小的们，把旗打出来！”虎力大仙一挥手中的令旗，一排小妖陆续走了出来，每名小妖都举着一面旗。第 1 名举着红旗，第 2、3 名举黄旗，第 4、5、6 名举蓝旗，第 7、8、9、10 名举绿旗，第 11 名又举红旗。

虎力大仙说：“这旗的颜色变化是有规律的，我问你，第 85 名举的应该是什么颜色的旗？”

沙和尚一皱眉头：“第 85 名还没出来哪，我哪知道他举什么颜色的旗？”

“答不出来，我可要吃你啦！”虎力大仙张开大嘴就朝沙和尚扑去，“我吃个和尚，好早日升仙！”

数学猴拦住虎力大仙：“慢！我还没回答你的问题哪！”

虎力大仙催促：“快说！我好把你们一起吃掉！”

数学猴十分肯定地说：“第 85 名小妖举的是蓝色的旗。”

“说说道理。”

“因为小妖举旗的变化是有循环规律的：举红、黄、蓝、绿旗这一轮的小妖数是 $1+2+3+4=10$(名)，第 85 名是转了 8 轮，还余 5。而第 5 名小妖应该举蓝旗。”

“倒霉！让你蒙对了！”虎力大仙挥挥手，“算你们命大，过去吧！”

数学猴站着不动：“不能过！我还没出题考你哪！”

虎力大仙虎目圆睁：“什么？我没听错吧？你敢考我？”

数学猴继续说：“如果你答对了，我们就过去了。如果你答错了，你要吃沙和尚一降魔杖！”

虎力大仙满不在乎：“没有我回答不上的问题。”

“把 1、2、…、1997、1998 放在一起，组成一个很大的数，即 12……19971998，问这个数有多少位？”

虎力大仙把这个数写在地上，看着这个数发愣：“这么大数我怎么数呀？1 个，2 个，3 个……哇，我都数晕了！”

数学猴问：“你是不是认输？”

“吃我一杖！”沙和尚举杖要打。

“慢！”虎力大仙说，“我不认输，只有你数出来时，我才认输！”

“好，我让你输得心服口服。从 1 到 1998 共有 9 个一位数，90 个二位数，900 个三位数，999 个四位数。”

虎力大仙掰着手指数：“从 1 到 9 是 9 个数，从 10 到 99 是 90 个数，从 100 到 999 是 900 个数，从 1000 到 1998 是 999 个数。可是往下怎么算？”

数学猴说：“二位数占两位，三位数占三位，四位数占四位。因此，

总的位数是 $9+2\times90+3\times900+4\times999=6885$(位)。一共有 6885 位。”

“害人精，吃我一杖！”沙和尚举起降魔杖就打虎力大仙，虎力大仙抽出双刀就迎了上去。

虎力大仙狂吼：“不吃人，我怎么活呀？”

沙和尚横扫一杖，正打在虎力大仙的头上：“嗨！”

虎力大仙大叫：“哇——吃不了人啦！”

老百姓纷纷过来感谢沙和尚和数学猴：“谢谢你们，为我们除了一害！”

数学猴说：“这是我们应该做的！”

童男童女

数学猴和沙和尚路过一座大宅院，里面传出哭声“呜——呜——”

数学猴一惊：“里面有人在哭。”

沙和尚往里一指：“进去看看。”

数学猴在院中遇到一位老者。

数学猴问：“老大爷，出什么事了？”

老人叹了一口气：“唉，东边通天河里住着一个水怪，每年都要吃一对童男童女。今年该吃我的一对儿女了。你让我怎么活呀！呜——”说到伤心处，老人又哭了起来。

沙和尚气得直咬牙：“咱们不能见死不救啊！”

“那怎么办呢？有了，沙和尚，你会变化，你可以变成一个小男孩，我假扮成小女孩。”

“让水怪吃咱俩，找机会把水怪除掉，好主意！”

数学猴对老人说：“老大爷，你给我准备一个特大个的爆竹，一个特大号的鱼钩，一根钢丝绳。”

沙和尚喊了一声:“变!”变成一个胖胖的小男孩。

数学猴看了看:“果然变成一个小男孩,就是胖了点,丑了点。”

老人吩咐佣人把数学猴打扮成一个小女孩。

佣人说:“给你戴上假发,穿上花衣服。”

沙和尚乐了:“嘻,挺像女孩,就是瘦了点,也不俊。”

沙和尚和数学猴变成的童男童女,并肩坐在方形的供桌上,前面供有一粗一细两根蜡烛,还有香,4个佣人把方桌抬起。

老人连连作揖:“祝二位恩人平安,早日把水怪除掉!”

数学猴一龇牙:“嘻!老大爷,你就等着好消息吧!”

佣人把供桌放到通天河边,都回去了。河边只剩下数学猴和沙和尚两人。

数学猴问:“沙和尚,你说水怪是先吃你呀,还是先吃我?”

沙和尚说:“当然先吃男孩了。”

河里突然掀起巨浪,水怪出现了,只见水怪穿着金盔金甲,腰缠宝带,眼亮如明月,牙利似锯齿。

数学猴吃了一惊:“哇——水怪真的来了!”

水怪见到数学猴和沙和尚大笑:“乖乖,童男童女早就准备好了,就等着我吃了!哈哈!”

数学猴一指水怪:“喂,水怪,你来晚了!”

水怪有点纳闷:“嗯?还有人希望我把他们早点吃掉?你说我来晚了多少时间?”

数学猴说:“供桌上点有一粗一细两根蜡烛。知道粗蜡烛可以点5小时,细蜡烛可以点4小时。我们到这儿就把两根蜡烛点上了,现在粗蜡烛的长度恰好是细蜡烛的4倍,你说我们等了多长时间了?”

“啊,考我数学题?”水怪说,“我听说只有神仙才会做数学题,妖怪都不会。”

“不会要好好听着点，我小——美女算给你听！”数学猴边写边说，“我用方程给你算。设已经点了 x 小时，由于粗蜡烛可以点 5 小时，因此粗蜡烛每小时点去它长度的$\frac{1}{5}$，而细蜡烛每小时点去它长度的$\frac{1}{4}$。”

水怪点点头：“说得对！”

数学猴又说：“现在粗蜡烛的长度恰好是细蜡烛的 4 倍，可以列出方程

$$1-\frac{x}{5}=4\left(1-\frac{x}{4}\right),$$

解出 $x=\frac{15}{4}$小时。

我们等你有 3 小时 45 分钟了。”

“过去我都是先吃童男，今天小美女等得这么着急，长得又这么可爱，我就先吃你吧！”水怪张开大嘴朝数学候咬去，数学猴趁机把爆竹点着。

数学猴快速地把点着的爆竹扔进水怪的嘴里：“让你尝尝这美式快餐吧！嘻嘻！”

“轰！”爆竹在水怪嘴里爆炸。

水怪大叫：“哇！疼死我啦！”水怪钻进水中。

沙和尚忙说：“别让他跑了！”

“他跑不了，大爆竹里有特大号的鱼钩，鱼钩早把他钩上了。”数学猴手里拿着钢丝绳。

数学猴和沙和尚合力拉钢丝绳，数学猴唱号子：“咱俩齐努力呀——”

沙和尚跟上：“嗳咳咳呦——”

从河里拉出一条金鳞金甲的大鱼。“原来是条鱼精。”沙和尚照着大鱼，猛打一杖：“我让你吃人！”

智擒青牛精

数学猴和沙和尚上了一座大山，看到一个山洞，洞口上写着“青牛洞”三个字。

数学猴兴奋地说：“这‘青牛洞’里一定有大青牛，咱们逮上一条骑着走，那该多省力啊！”

沙和尚摇摇头：“怕没那么好的事。”

“我进洞逮牛去了，拜拜！”好奇心驱使数学猴独自走进洞里。

沙和尚嘱咐：“多加小心！”

不一会儿，数学猴被青牛用牛角顶了出来。

沙和尚问：“哎，你怎么没骑着牛出来呀？”

数学猴苦笑：“用角顶出来，速度更快！”

青牛精把数学猴狠狠摔倒在地：“一只小猴子，想找死啊！哞——”然后用牛角想把数学猴顶死。

沙和尚用杖来救：“畜生，休要逞强。看杖！”

青牛精亮出点钢枪，和沙和尚战到了一起。

“我先收拾你这个秃和尚，看枪！”

“我与你大战 300 回合。”

战了有 100 多回合，青牛精看不能取胜，他口中念着咒语：“牛奶、牛排、牛肉汉堡，收！”他向空中扔出一个钢圈，沙和尚的降魔杖立刻脱手，被钢圈套走了。

“哇！我的降魔杖飞了！咦，他的咒语里怎么都是好吃的？”

数学猴和沙和尚在前面跑，青牛精挺枪在后面追：“哪里跑！”

数学猴说：“快上树，牛不会上树！”沙和尚和数学猴爬到树上。

“我只好给孙悟空打电话了。喂，孙大圣吗？快来救我们！”

青牛精坐在树下等候：“我看你们能在树上待一辈子？”

突然，孙悟空从天而降，举棍就打：“大胆妖魔，吃你孙爷爷一棍！”

青牛精挺枪相迎：“你是我爷爷？不对！我爷爷是牛，不是猴！”

青牛精口中念着口诀：“牛奶、牛排、牛肉汉堡，收！”向空中扔出一个钢圈，孙悟空的金箍棒立刻脱手，被钢圈套走。

孙悟空也吃了一惊：“乖乖，我的金箍棒也被他没收了！我也只好上树了！”

孙悟空和数学猴坐在树枝上商量对策。

孙悟空问：“数学猴，你看怎么办？”

数学猴想了一下说：“你不是会变化吗？你变成蚂蚁，爬到他的钢圈上看看，有什么秘密？”

“这个容易。”孙悟空变成的蚂蚁，追上青牛精。青牛精在大树下休息，蚂蚁又爬上钢圈，把钢圈里里外外转了个遍。

蚂蚁自言自语：“外面有 12 个方格，间隔着写有 3 个数（图 4−6）。里面还有字，写着：‘把空格中都填上数，使得任何 4 个相邻数字之和都等于 18，此圈功能失效。’”

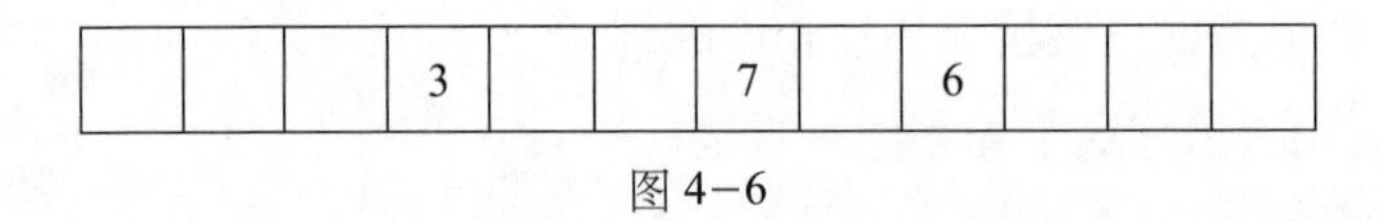

			3			7		6			

图 4−6

突然孙悟空发现了自己的金箍棒：“嘿，金箍棒在这儿，我拿走吧！”

孙悟空恢复了原样，回到树上，把 12 个方格画出来。

孙悟空指着方格对数学猴说：“只要把空格都填上数，使得任何 4 个相邻数字之和都等于 18，这个圈就完蛋了！你看，我还顺手把金箍棒拿回来了。”

数学猴说：“既然任何 4 个相邻数字之和都等于 18，而且在圆环上，数字的出现必然是循环的。从和 18 中减去 3、7、6 求差：18－3－7－6=2（图 4−7）。”

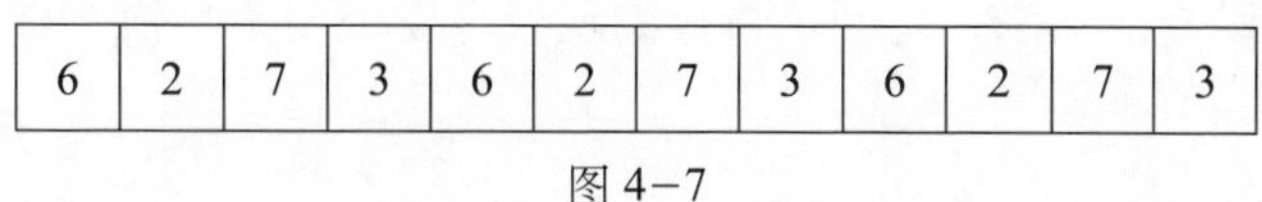

6	2	7	3	6	2	7	3	6	2	7	3

图 4–7

孙悟空跳下树，又变成蚂蚁，爬上钢圈，把空格中的数字都填上。

孙悟空恢复了原样，照着青牛精抡棍就打：“我打死你这条笨牛！”

青牛精感到奇怪：“唉？孙猴子什么时候把金箍棒拿走了！”

孙悟空和青牛精战到了一起。孙悟空越打越来劲：“嗨！嗨！嗨！”一棍紧接一棍。

青牛精渐渐体力不支：“孙悟空的棒，一棒更比一棒重。我还是把我的宝圈扔出去吧！”

青牛精把钢圈又抛向空中，口念咒语：“牛奶、牛排、牛肉汉堡，收！”

孙悟空把金箍棒递出去，让他套：“给你金箍棒，你套啊！这次你念出牛舌饼来也没用了。”

钢圈又抛向空中，数学猴在树上伸手把钢圈接住：“你拿过来吧！”

青牛精一看宝贝不起作用，惊出一身冷汗：“啊，他把宝圈给没收啦！”

孙悟空一棒将青牛精打倒在地：“你给我老老实实躺下吧！”

青牛精“哞——”摔倒在地。

孙悟空将钢圈穿过青牛精的鼻子：“这个钢圈正好当青牛精的鼻环，我把牛牵走了！”

数学猴向孙悟空招手：“谢谢孙大圣，再见！”

真假沙和尚

数学猴要去方便：“沙和尚，我去方便一下。”

沙和尚说：“快去快回。”

数学猴方便回来，出现了奇怪的现象：发现两个一模一样的沙和尚同时叫他。

左边的沙和尚喊："数学猴，快来！"

右边的沙和尚喊："数学猴，快来！"

数学猴左右为难："嘿，出了两个沙和尚，哪个是真的？"

左边的沙和尚说："我是真沙和尚！"

右边的沙和尚说："我是真沙和尚！"

两个沙和尚打了起来。

左边的沙和尚高叫："我打死你这个假沙和尚！"

右边的沙和尚高喊："我打死你这个假沙和尚！"

数学猴一捂脑袋："哇——乱了套啦！"

数学猴琢磨分辨的方法："怎样才能分出真假呢？对啦！真沙和尚和我走了一路，学了不少数学，他解题能力肯定比假的强。我考考他俩。"

数学猴分开两个沙和尚："住手！我来出道题考考你们，看看谁真谁假。"

左边的沙和尚点头："行！"

右边的沙和尚点头："行！"

数学猴说："我前些日子遇到的妖怪，除了两个以外都是虎精，除了两个以外都是鱼精，除了两个以外都是牛精，你们说说我遇到了多少妖怪？"

一个沙和尚说："起码有一两百个妖怪！"

数学猴问："为什么？"

这个沙和尚说："你想啊！除了两个以外都是虎精，这虎精就多了，起码有几十个。鱼精有几十个，牛精有几十个，加起来还不有一两百个！"

数学猴给这个沙和尚的脑门上贴了一个圆片：“我给你脑门上贴个圆片。”

这个沙和尚高兴地说：“嘿，我答对了吧！我是真沙和尚。”

另一个沙和尚出来说话：“他说得不对！数学猴前些日子只遇到了一只虎精、一只鱼精和一只牛精，一共是3个妖怪。除了鱼精和牛精就都是虎精了，其他两个说法也一样。”

数学猴眼珠一转：“答一道题还难分真假。你们再听我第二道题：有两个自然数，这两个自然数相乘，把乘积往镜子里一照，镜子里出现的数恰好是这两个数之和。问这两个数都是几？”

头上贴圆片的沙和尚抢着说：“6和8，6是六六顺，8是发发发！这可是两个吉祥数啊！听说挑这两个数的汽车牌，还要多花钱哪！”

另一个沙和尚说：“不对！考虑从1到9这九个数，只有1和8从镜子里看还是数，别的数都不成。$9\times9=81$，从镜子看是18，而$9+9=18$，正好合适。”

数学猴给这个沙和尚的脑门上也贴了一个圆片：“我给你脑门上也贴个圆片。”

数学猴给孙悟空打电话：“喂，孙悟空吗？我这儿出现了两个沙和尚，不过我已经知道真假了，你来处理一下吧！”

过了一会儿，猪八戒匆匆赶来：“孙猴子说，他正在参加数学考试，来不了。让我老猪来处理一下。”

数学猴拉住猪八戒的手：“欢迎猪八戒！”

猪八戒问：“数学猴，这两个哪个是真沙和尚？哪个是假的？”

数学猴说：“揭下他们脑门上的圆片，就会真相大白！”

“我先揭你的圆片。”猪八戒揭下一个圆片，上面写着“真”。

“啊，上面写着‘真’，不用说，你是我的沙师弟喽！”猪八戒和沙和尚搂抱在一起。

另一个沙和尚一看，事情已经败露，立刻现出本身，原来是一只熊精，他手使两个大锤杀了过来："我把你们 3 个统统消灭！"

猪八戒一招手："沙师弟，上！"

"好的！"沙和尚抡杖，猪八戒使耙，一左一右夹攻熊精。

大战了有 50 回合，熊精露出一个破绽，被猪八戒一耙给钉死。猪八戒说："一耙 9 个窟窿，我把你打成筛子！"数学猴跳起来："好啊！我们胜利啦！"

5. 海龙王请客

仙石有多大

有个叫小牛的小朋友，喜欢数学，又非常爱看《西游记》。他每天学孙悟空的样子，练猴拳、耍木棍……

一天，小牛正在院里耍棍，空中忽然降下一朵祥云。祥云散开，孙悟空出现在小牛的眼前。大圣大叫一声：“看棍！”金箍棒带着呼呼的风声直朝小牛砸来。

小牛慌忙用手中的木棍相迎。战过 2 个回合，小牛收棍，问：“大圣，你教我练棍，成吗？”

孙悟空挠了挠下巴，说：“你教我数学，我才教你练棍。”

小牛高兴地说：“好，咱们一言为定！”

孙悟空拉住小牛喊了一声：“起！”两个人就腾空而起，向前飞去。

小牛问：“你这是往哪里去呀？”

孙悟空往前一指：“看，前边就是花果山，山顶有一根石柱。”

小牛睁大眼睛一看，果然看见山顶上有一根巨大的圆柱形巨石。

大圣说：“此仙石，高3丈7尺5寸，底面圆的周长2丈4尺。当初就是这块仙石迸裂，我才从中跳了出来。你帮我算算这块仙石的体积有多大。”

小牛脖子一歪，问：“仙石既然迸裂，怎么会完好无损地立在这儿？现在长度单位都用米、分米、厘米了，你怎么还用丈、尺、寸呀？”

大圣愣了一下，说：“我跳出来后，迸裂的仙石又自动合拢复原了。我只知道丈、尺、寸，你说的米、分米、厘米是什么玩意儿？”

“好，好，我给你算。”小牛说，“此仙石是圆柱体，它的体积等于底面积乘以高。已知高是3丈7尺5寸，可是底面积不知道呀！”

孙悟空着急地问：“这如何是好？”

小牛一摸后脑勺，说：“唉，有了。知道圆周长可以求出半径，有了半径就可以求出圆面积。”

小牛在一张纸上算了起来：

1米＝3尺

3丈7尺5寸＝37.5尺＝12.5米

2丈4尺＝24尺＝8米

$8\div3.14\div2\approx1.27$(米) ——底面半径

$3.14\times1.27^2\approx5.06$(平方米) ——底面积

$5.06\times12.5\approx63.25$(立方米) ——体积

小牛指着答案说：“小猴子，仙石体积算出来了！”

“什么？你敢叫我小猴子？吃我一棒！”孙悟空举棒就打。

金箍棒有多重

小牛叫孙悟空“小猴子”，惹怒了孙大圣。孙悟空抡起金箍棒高起轻落，就把小牛压在棒下。

孙悟空喝道："嗬！大胆的小牛，竟敢称我齐天大圣为小猴子！"

小牛被金箍棒压得喘不过气来，大声叫道："好重，好重啊，救命啊！压死我了！"

大圣说："此金箍棒长2丈，直径4寸，乃天河中神针铁所制。一块1寸见方的神针铁就有5斤3两7钱重。你若能算出我的金箍棒有多重，我就放了你。"

小牛想了想，说："金箍棒也是圆柱体，它的体积是$3.14\times4^2\times200=10048$(立方寸)。金箍棒的质量是$5.37\times10048\approx54000$(斤)，啊，重54000斤？"

"不对，不对。"孙悟空摇晃着脑袋说，"如果有那么重，早把你压扁了！"

"错在哪儿呢？"小牛捂着脑袋想了想说，"噢，我想起来了！我错把直径当半径了，只要把54000斤除以4就对了。应该是13500斤，根据1千克=2斤，金箍棒的质量换算成千克是6750千克。啊，差不多有7吨重！压死我喽！"

"哈哈。"孙悟空笑道，"我用手托着金箍棒呢，压在你身上的质量不超过25千克。"

孙悟空伸手拉起小牛，说："用棒压你，是我的不是。走，为了补偿你，我带你去蟠桃园吃几个仙桃。"说罢带着小牛腾空而起，直奔蟠桃园飞去。

园中土地老儿见孙悟空来了，不敢怠慢，忙迎上去问："大圣来此，是品尝仙桃吗？"

孙悟空问："土地老儿，园中桃树还是那么多吗？"

土地老儿点头说："不错。园中桃树还是3600棵。前面1200棵叫前树，3000年一熟，人吃了体健身轻；中间1200棵叫中树，6000年一熟，人吃了长生不老；后面 1200 棵叫后树，9000 年一熟，人吃了与天齐寿。”

小牛在一旁问：“大圣，上次你大闹蟠桃园，一共吃了多少个仙桃？”

孙悟空眨了眨眼睛，说：“吃了多少个桃子我记不得了。熟桃子嘛，前树我留下了 10 个，中树留下了 20 个，后树一个没留。”

小牛忙问：“前树、中树、后树各有多少个熟桃子呢？”

孙悟空嘻嘻一笑，说：“听我慢慢往下说。”

仙桃吃多少

小牛问孙悟空吃了多少个仙桃，孙悟空说：“前树从第一棵开始数，序号是单数的树上有 2 个熟桃子，是双数的树上有 3 个熟桃子，你算算我在前树吃了多少个桃子？”

小牛回答：“前树有 1200 棵，其中单数 600 棵，双数 600 棵，共有熟桃子 $(2+3)\times600=3000$(个)，你留下 10 个，吃了 2990 个。”

大圣说：“中树也从第一棵开始依次往下数，凡序号是 3 的倍数的树上，都有 3 个熟桃子；凡序号是 4 的倍数的树上，都有 4 个熟桃子；其余树上全是大青桃，吃不得。”

“那既是 3 的倍数，又是 4 的倍数的树上有几个熟桃子？”小牛问。

“这……让我想想。”孙悟空眨了眨眼睛，“噢，对了，这种树上光长树叶，不长桃。”

“原来是这样。”小牛从地上拾起一根干枯的蟠桃树枝，“大圣，我算给你看。”说完，在地上写了起来：

序号是 3 的倍数的树有：$1200\div3=400$(棵)

序号是4的倍数的树有：$1200\div4=300$(棵)

序号既是3的倍数，又是4的倍数的树有：

$1200\div(3\times4)=100$(棵)

中树上共有熟桃子：

$3\times(400-100)+4\times(300-100)=1700$(个)

“好个贪吃的孙大圣！”小牛说，“中树的1700个桃子只剩下20个，你吃了1680个！”

孙悟空说：“后树上的熟桃子太少了。从第一棵数起，凡是序号能同时被2、3、5整除的，树上才有1个熟桃子，其余都是大青桃！”

小牛说：“2、3、5的最小公倍数是$2\times3\times5=30$，$1200\div30=40$(棵)，这就是说，后树只有40棵树上有熟桃子，而且每棵树上只有1个，一共才40个熟桃子，都被你吃了。”

大圣说：“我总共吃了$2990+1680+40=4710$(个)仙桃，咳，不多，不多。”

孙悟空一拉小牛说：“走，进去吃仙桃去！”

守园的土地老儿慌忙拦阻说：“且慢！大圣上次只留下30个熟仙桃，其余仙桃还没熟。这次又带来一位小神仙，恐怕1个熟桃子也剩不下了呀！”

大圣一听不让吃桃子，大怒：“大胆土地，竟敢拦我老孙吃桃，看棒！”抡棒就打。

突然，金光一闪，哪吒脚踏风火双轮赶来，挺枪挡住金箍棒：“泼猴，又来蟠桃园捣乱，吃我一枪！”

如来佛的手心

孙悟空带着小牛去吃仙桃，与哪吒打了起来。小牛看如来佛走来，急忙跑过去说：“他们俩打起来了，您快去把他们拉开吧！”

如来佛大喝一声：“何人在此打斗？”

哪吒连忙收住手中武器，跪倒说：“如来佛祖驾到，弟子失礼啦！”

如来佛问：“你们为何打斗？”

大圣说：“我想吃几个仙桃，他硬不让吃！”

哪吒说：“上次这个泼猴把蟠桃园糟蹋得一塌糊涂，这次又来偷吃仙桃！”说完，又要动手去打悟空。

“大胆！”如来佛一瞪眼，“你们两个究竟谁的本领大？”

孙悟空性急，抢先说：“我一个筋斗可以翻出十万八千里。我翻个给佛祖看看如何？”

小牛在一旁提醒说：“大圣，你在地球上翻筋斗可不合算，你一个筋斗翻出去，只相当于翻出去二万八千里。”

孙悟空不明白，问：“这是为什么？”

小牛解释说：“地球半径大约等于 6400 千米，绕地球一圈大约是 $3.14\times(6400\times2)\approx40000$(千米)。1 千米＝2 里，108000 里即 54000 千米。你一个筋斗绕地球一圈后又过去 $54000-40000=14000$(千米)，实际上才离开原地 14000 千米，也就是二万八千里，是不是？”

“对，对。”大圣又问，“那我在地球上连续翻几个筋斗才能翻回原地呢？”

“这也可以算，先要求出 14000 和 40000 的最小公倍数。”小牛说，“它们的最小公倍数是 280000，再用 280000 除以 14000，恰好得 20。也就是说，你连续翻 20 个筋斗就可以落回原地。”

“20 个筋斗有何难，看俺老孙翻去！”说罢，孙悟空就一个接一个地翻起筋斗来，20 个筋斗翻完，果然又落回原地。

小牛说：“你总共绕地球转了 27 圈。”

孙大圣对如来佛说：“上次我翻了半天也没翻出你的手心，今天让我再试一次？”

如来佛点了点头。

孙悟空从如来佛手掌的一边开始，翻了 7 个筋斗，翻到了手掌的另一边。他回头对小牛说：“你给我算算，如来佛的手掌有多宽？”

小牛列了个算式：

$$54000\times7=378000(\text{千米})$$

小牛告诉孙悟空，如来佛手掌的宽度相当于地球到月亮的距离。

如来佛叫住小牛，说：“我有一事不明，请小施主指教。”

谁活的年数多

如来佛叫住小牛，小牛转身说：“有什么问题，请提吧！”

如来佛说：“我最关心的是我们神仙能活多大岁数。”

小牛问：“您要算哪位神仙呢？”

“我来啦！先算算我这个猪神仙能活多少年吧！”只见猪八戒扛着钉耙跑了过来。

八戒对小牛说：“五庄观的人参果，1 万年才能成熟。此果闻一闻，能活 360 年；吃一个，能活 47000 年。上一回，我一连闻了 250 下，又囫囵吞下一个人参果。你算算我能活多大岁数？”

“俺老孙给你算一算。”孙悟空列了一个算式：

$$\begin{aligned}&360\times250+47000\\=&90\times(4\times250)+47000\\=&90000+47000\\=&137000\end{aligned}$$

“哈哈，我老猪可以活十三万七千岁，天下第一！”猪八戒乐得手舞足蹈。

突然，一个道童仗剑刺来，喊道：“好狂的大耳贼，看剑！”

孙悟空回头一看，说：“这不是镇元子的二徒弟明月吗？”说着，用金箍棒把明月的剑挡开。

明月指着八戒的鼻子说：“你口出狂言！我已活了 1200 年，人参园开园时，师父分给我$\frac{2}{5}$个人参果吃；上次打了 2 个人参果给你师父吃，他不吃，我就吃了一个；我还闻过 202 次人参果。你说说我活的岁数是不是要比你大？”

“慢慢来，待俺老孙算算。”孙悟空又列了一个算式：

$$1200+47000\times\frac{2}{5}+47000+360\times202$$

孙悟空捂着脑袋说：“哎呀，这个式子太难算了！小牛，有什么好办法吗？”

小牛想了一下，说：“可以用乘法结合律和分配律使计算简便。”

$$\begin{aligned}&1200+47000\times\frac{2}{5}+47000+360\times202\\&=47000\times(\frac{2}{5}+1)+1200+(360\times200+360\times2)\\&=65800+1200+72720\\&=139720\end{aligned}$$

明月高兴得一蹦老高：“太好啰！我能活十三万九千七百二十岁，比你老猪多活二千七百二十岁！”

八戒大怒：“小老道，吃我一耙！”明月拔剑还击，两人打成一团。

铁扇公主报仇

八戒和明月正打得热闹，突然一朵祥云飘来，二人抬头一看，是玉帝驾到。八戒和明月连忙扔掉手中武器，跪倒在地，齐声说：“玉皇大帝驾到，小神有礼啦！”

玉皇大帝满脸怒容，说：“又打又吵，成什么样子！我自幼经历一千七百五十劫，每劫是十二万九千六百年。你们也给我算算，我有多大岁数？”

“玉帝老儿，还是让我老孙给你算吧！”悟空趴在地上边算边说，“129600 乘以 1750，按小牛教我的简便算法，先从 1750 中分解出一个 250 来，再从 129600 中分解出一个 400 来，就好算了。”

$$
\begin{aligned}
&129600\times1750\\
=&(324\times400)\times(7\times250)\\
=&(324\times7)\times(400\times250)\\
=&2268\times100000\\
=&226800000
\end{aligned}
$$

“我的妈呀！”孙悟空的眼睛瞪得溜圆，“你玉帝老儿活了二亿二千六百八十万岁，可真是万万岁啦！”

玉皇大帝见孙悟空不尊重自己，刚要发怒，只听半空中有人大喊：“泼猴拿命来！”声到剑落，悟空低头躲过来剑，定睛一看，原来是铁扇公主。

铁扇公主叫道：“上次你盗我铁扇，今天我要剁你几剑，以消我心头之恨！”

悟空把脑袋一伸，说：“你只管剁好了！”

铁扇公主兴起，抡起宝剑狠命剁下去，只听宝剑“当当”乱响，火星直冒。再看悟空，毫发未伤，只是个子矮了许多。

悟空笑嘻嘻地说：“你这剑可真厉害，把我给剁矮了，我现在的身高只有原来的$\frac{2}{5}$了！”

“我还要剁！”铁扇公主又没头没脑地劈了几剑。悟空又矮了许多，身体只有火柴棍那么高了。

“哈哈！”悟空又蹦又跳，开心地说，“我现在的身高是刚才的$\frac{1}{25}$，只有1寸高了！”

正当铁扇公主咬着牙继续追杀时，她的丈夫牛魔王恰好赶来。只见悟空高高蹦起，“哧溜”一声钻进牛魔王的鼻子里。

“啊嚏！啊嚏！”牛魔王连打两个喷嚏，请求悟空说：“大圣快出来，我难受极啦！”

悟空在牛魔王鼻子里露出一个小脑袋，说：“让我出来也不难，你们给我算算，我原来身高是多少？”

铁扇公主和牛魔王都不会算，只好求小牛帮忙。小牛说：“悟空现在的身高是1寸，原来身高就是$1\div\frac{1}{25}\div\frac{2}{5}=62.5$(寸)，约合2.08米。”

悟空从牛魔王鼻子里“噌”的蹿了出来，大声叫道：“我要吃牛肉！”

海龙王请客

铁扇公主听说孙悟空要吃牛肉，吓得连连摆手说：“吃不得，吃不得呀！”

孙悟空摇晃着脑袋说：“我也不多吃，今天吃60千克，明天再吃60千克，牛魔王还剩下原来质量的$\frac{11}{13}$，你说说，牛魔王原来有多重？”

“这……”铁扇公主不会算，她回头求小牛说，“我丈夫姓牛，你也姓牛，你就帮我算算牛魔王有多重吧！”

小牛是个好心肠的孩子，他爽快地答应说：“好吧！把牛魔王原来的体重看作 1，大圣两天共吃掉的肉占牛魔王原来体重的 $1-\frac{11}{13}=\frac{2}{13}$，这 $\frac{2}{13}$ 有 120 千克，所以牛魔王的体重为 $120\div\frac{2}{13}=780$(千克)。哟，真够重的！”

铁扇公主恳求孙悟空说：“请大圣开恩，不要吃牛肉吧！”

小牛也在一旁劝说：“放了他们吧！天气这么热，有肉也吃不下。”

“也罢。小牛，我带你去东海乘乘凉，顺便弄点儿海鲜吃吃。”说完，孙悟空拉起小牛直奔东海飞去。

刚到东海，海面忽然裂开一道缝，一名海怪走了出来，跪倒在大圣面前，说：“东海龙王请大圣到龙宫赴宴。”

“好，好，有人请客，咱俩去白吃一顿！”大圣拉住小牛的手，跟着海怪走进龙宫。

东海龙王正在操练虾兵蟹将。一大群虾兵每人手中拿一长枪，在蟹将指挥下一招一式地认真操练。

大圣问：“这虾兵足有 100 名吧？”

“不够，不够。”龙王摇摇头说，“用虾兵数加上它的 100%、50%、25%，最后加上那名蟹将才够 100。”

龙女走到悟空身边，细声细气地说：“听说大圣近来专心学习数学，定能算出虾兵数来。”

“没问题。”悟空来了精神，“设虾兵有 x 名，虾兵数的 100%、50%、25%分别是 $100\%x$、$50\%x$、$25\%x$，再加上一名蟹将是 100，列方程得：$100\%x+50\%x+25\%x+1=100$。”

龙女催问：“虾兵到底有多少啊？”

“我算，我算。”悟空急忙解方程：

$$x=(100-1)\div175\%$$

$$x=56.571428$$

悟空长出了一口气，说：“算出来啦！虾兵的总数是 56 个半多一点儿。”

龙王大惊：“啊，半个虾兵还能操练？”

好大的鲸鱼

悟空算出虾兵有 56 个半还多一点儿，把东海龙王吓了一跳。

小牛赶紧跑过来，凑到悟空的耳朵旁小声说：“错了！你忘了加上原来的虾兵数 x 了！”

“嗯？”悟空眼珠一转，“半个多虾兵怎么能操练！我是和龙女开个玩笑。正确的解法应该是：$x+100\%x+50\%x+25\%x+1=100$，$x=36$，有 36 名虾兵。”

龙王点点头说：“不错，不错。传我的命令，虾兵撤走，让大鲸鱼上殿！”话音刚落，只见一头巨大的蓝鲸慢慢游来。

悟空惊叹道：“好大的鲸鱼，足有 5000 千克吧？”

龙女微笑说：“它前年就有 5000 千克了，去年体重增加了 30%，今年又比去年增加了 30%。”

“噢，我来算算它有多重。”悟空写出算式：

$$5000+5000\times30\%+5000\times30\%=8000(\text{千克})$$

龙王摇摇头说：“何止 8000 千克！”

悟空挠了挠头，说：“怎么又错啦？小牛快帮我看看错在哪里？”

小牛看了看孙悟空的演算过程，说：“龙女说鲸鱼前年的体重是 5000 千克，去年增加了 30%，而今年是在去年的基础上增加了 30%。鲸鱼去年的体重是 $5000\times(1+30\%)=6500(\text{千克})$，而不是 5000 千克！”

“原来如此！我再算。”悟空又写出了一个算式：

$$5000+5000\times30\%+5000\times(1+30\%)\times30\%=8450(\text{千克})$$

龙王竖起大拇指夸奖说："几年不见，大圣数学长进不小啊！"

悟空忙说："哪里哪里，都是小牛教给我的！"

突然，海怪进来报告："禀报龙王爷，门外有个扛钉耙、长着猪脑袋的和尚来找孙大圣！"

悟空龇牙一笑，说："噢，八戒来啦！"

龙王一摆手说："快，有请！"

不一会儿，猪八戒抱着一坛子酒走了进来。

八戒乐呵呵地说："玉皇大帝刚刚赐我仙酒一坛，重10千克，听说猴哥在龙王这儿，我特赶来，请各位品尝。"

悟空眼珠一转，心想：仙酒不多，我可要多喝一点儿。好，有主意啦！

大圣分酒

悟空说："仙酒不多，给我少分点儿吧！先分给我10%。"

"10%？才1千克！不多，不多！"八戒说，"我分多少？"

悟空没有理睬八戒，他对小牛和龙王说："小牛从我分剩的酒中分25%，龙王从小牛分剩的酒中分25%。"

八戒有点儿沉不住气了，大声说："猴哥，这仙酒可是我拿来的。我应该多分一点儿！"

悟空点点头说："对，对，你多分一点儿。你从龙王分剩的酒中分30%，最后剩多少算多少，全归我啦！"

八戒听说自己分到30%，比别人都多，就笑嘻嘻地对小牛说："猴哥第一次这么大方，你帮我算算，我究竟能分多少酒？"

小牛笑笑说："我愿意帮忙。大圣先分10%的酒，就是$10\times10\%=1$

(千克)，还剩下 10－1＝9(千克)；我分到的酒是 9×25%＝2.25(千克)，还剩下 9 － 2.25＝6.75(千克)，龙王分走 6.75×25%≈1.69(千克)，大约剩下 6.75－1.69＝5.06(千克)。”

八戒眉开眼笑地说：“我分到 30%，肯定最多!”

小牛指着八戒的鼻子说：“你，猪八戒只分到 5.06×30%≈1.52(千克)，还剩下 5.06－1.52＝3.54(千克) 酒归大圣，他一共分得 1＋3.54＝4.54(千克) 酒。”

八戒大怒，指着悟空说：“好个猴头！你用数学把戏骗我，你差不多分去半坛子酒，我却分得最少！”

悟空见八戒发怒，反而越发高兴。他笑嘻嘻地说：“八戒别生气，龙王这里还有玉液琼浆一坛，也是 10 千克，这次多分些给你怎么样？”

八戒怒气未消，问：“这次怎么个分法？”

悟空说：“这次你先分 10%，小牛分 25%，龙王也分 25%，我分 30%，剩下的全归你，你看成不成？”

八戒一听，觉得这次的分法和刚才一样，只不过自己和孙悟空互换了位置，那自己也可以分到差不多半坛子酒，就点头答应说：“刚才余下的是大头，这次你把大头让给了我，行，行！”

酒分完了，八戒又傻眼了，气得他大叫：“怎么回事？这次又是我分得最少！”

八戒受骗

八戒让小牛给算算每人分得多少玉液琼浆，小牛很快写出算式：

小牛分到 10×25%＝2.5(千克)

龙王分到 10×25%＝2.5(千克)

悟空分到 10×30%＝3(千克)

八戒分到 $10-2.5-2.5-3=2$(千克)

八戒一看，又是自己分到的最少，孙悟空分到的最多，心里十分恼火。他一把拉住小牛，问："为什么两次的百分数都一样，这次又是我分到的最少？"

小牛解释说："表面上看，百分数都一样，但是单位'1'的量不一样。第一次分仙酒的时候，我是从大圣分剩下的酒中分 25%，实际上我分到的酒是 10 千克的 $(1-10\%)\times25\%=22.5\%$；龙王分到的酒是我分完后剩下酒的 25%，也就是 10 千克的 $(1-10\%-22.5\%)\times25\%\approx17\%$；而你分到的酒是龙王分完后剩下的 30%，也就是 10 千克的 $(1-10\%-22.5\%-17\%)\times30\%\approx15\%$。"

八戒大吃一惊，说："啊？分给我的 30%，实际上才是 10 千克的 15%，我吃了大亏啦！"

"对！"小牛又说，"第二次分玉液琼浆时，每人分到酒的百分数，都是以 10 千克为单位'1'的，大圣分到 30%，是实实在在的 $10\times30\%=3$(千克)。"

八戒大吼一声："好个泼猴，竟敢屡次用数学戏弄俺老猪，吃俺一耙！"说完，抡起钉耙扑向悟空。

悟空轻轻一跳，躲了过去。他笑嘻嘻地对八戒说："谁叫你不好好学习数学？你活该上当！"

八戒羞得满脸通红，又向悟空扑来。突然，一股黑潮涌来，顿时天昏地暗，伸手不见五指。等黑潮退去，悟空发现八戒和小牛不见了。

悟空急了，亮出金箍棒，揪住龙王叫道："小牛和八戒哪里去了？快交出来！"

龙王连连告饶："大圣息怒，此黑潮可能是章鱼怪所为。"

悟空揪着龙王往外走，边走边叫："带我去找那个章鱼怪。"

龙王熟悉地形，带着悟空三转两转就来到一块巨大的海底礁石前，只见礁石下面伸出两根象鼻子一样的东西，不停地摆动。

悟空刚要走过去，龙王说："慢！此乃章鱼怪的两条巨腕，每条腕的内侧生有两行吸盘，一旦被吸上，你就很难摆脱。"

大战章鱼怪

悟空哪里把小小的章鱼怪放在眼里，他把手中的金箍棒一横，说："大胆章鱼怪，竟敢擒我老师，捉我师弟，还不快快出来受死！"

只听一声尖叫，一只巨大的章鱼从礁石底下钻了出来。他长有八条大腕，一条大腕上卷着小牛，一条大腕上卷着八戒。

章鱼怪鼓着两只大眼睛说："猪肉真香，我先吃猪八戒。如果我早晨吃他的一半外加 10 千克，中午吃剩下的一半外加 10 千克，晚上又吃剩下的一半外加 10 千克，夜里饿了，我还是吃剩下的一半外加 10 千克，哈哈，正好把猪八戒吃光！"

悟空咬着牙根说："一天吃四顿，你真够贪吃的！"

章鱼怪说："孙猴子，你能算出猪八戒有多重吗？"

悟空知道这是章鱼怪在向自己挑战，便念念有词，想把这个问题算出来，可又不知从何处下手，急得他一个劲儿地抓耳挠腮。

章鱼怪哈哈大笑，说："你抓下再多的猴毛，怕也算不出来，我还是先吃早点吧！"说着就把八戒往嘴里送。

"慢！"悟空说，"我要问问八戒和我老师，看他们还有什么话说。"只见小牛和八戒都痛苦地挣扎着，干张嘴说不出话来。悟空知道他们俩被大腕缠得太紧。

悟空问龙王："如何让章鱼怪把腕松开？"龙王附在悟空耳边小声说了两句。

只见大圣腾空跃起，抖起手中金箍棒，趁章鱼怪愣神的一刹那，在章鱼怪左右眼上各点了一下。

这一招还真灵，章鱼怪立即把腕松开。小牛连忙喘了几口气，说："大——圣，你——从后——往前算。"

悟空立刻明白了。他眼珠一转，对章鱼怪说："你夜里吃剩下的一半外加 10 千克，正好吃完，说明晚饭吃剩下的是 20 千克；你晚饭吃剩下的是 20 千克，午饭后吃剩下的是 $(20+10)\times2=60$(千克)；早饭后吃剩下的是 $(60+10)\times2=140$(千克)。所以，八戒的体重是 $(140+10)\times2=300$(千克)。"

章鱼怪哈哈大笑："猪八戒有 300 千克重，正好让我吃得过瘾！"说完，又要往嘴里送。悟空大怒，抡起金箍棒朝章鱼怪头上狠命一棒，只听"噗"的一声，黑色毒液从章鱼怪的头上喷涌而出。

龙王赠珠

悟空打死章鱼怪，解救了小牛和八戒。龙王非常高兴，说："大圣帮我们东海除去一害呀！谢谢大圣！"

悟空嘻嘻一笑，说："老龙王，你倒是会做人，说了声谢谢就完啦！"

龙王赶忙施礼问："依大圣的意思？"

"东海盛产珍珠，你拣些上好的珍珠送给我们三个，也好留个纪念呀！"悟空一点儿也不客气。

"这个好说，上珠！"龙王一声令下，只见一只大乌龟背上驮一个锦盒缓步爬来。龙王打开一看，里面装有 5 颗乒乓球大小的珍珠。接着走来 3 名蟹将，他们手中各捧一锦盒，打开一看，每个锦盒中都装有 2 颗鸡蛋大小的珍珠。

悟空禁不住叫道："好大的珍珠！"

最后走上来6名虾兵，他们手中也各捧有一个锦盒，打开一看，每个盒子里都装有1颗足球大小的珍珠，光彩夺目。

八戒惊呼："从没见过这么大的珍珠！"

龙王说："把这些珍珠送给三位，请笑纳！"

悟空摇摇头说："真小气，这么几颗珠子让我们三个人分，每人才能分几颗？"

龙王忙问："依大圣的意思？"

悟空说："我们每人每次只能取6颗珍珠。取法相同的只算一次，取法不同的应该算两次，两次就得12颗珍珠，三种不同取法可得18颗珍珠。谁找到的不同取法多，谁得到的珍珠就多，你看怎样？"

龙王惹不起大圣，只好点头答应。

八戒嚷嚷着先分。他一次抱走6名虾兵手中的6个锦盒。八戒高兴地说："我要6颗最大的！"龙王令虾兵又端来6盒补齐。

悟空先拿走虾兵手中的6盒，又拿走蟹将手中的3盒，说道："我拿走12颗珍珠。"

小牛有绝招儿。他先画了一张表（表5-1）：

表5-1

盒里珍珠数	取法				
	1	2	3	4	5
5颗	1	0	0	0	0
2颗	0	3	2	1	0
1颗	1	0	2	4	6

小牛按照表上的取法取了5次：第一次是1盒5颗的，1盒1颗的；第二次是3盒2颗的；第三次是2盒2颗的，2盒1颗的；第四次是1

盒 2 颗的，4 盒 1 颗的；第五次是 6 盒 1 颗的。

龙王惊呼："我的天哪！照小神仙这样取法，要把龙宫的所有珍珠都取光了！"

小牛笑笑说："这些宝珠留在你龙官有何用？拿出去还可以为人类造福！"

悟空拍拍小牛的肩膀，说："老师说得对！"

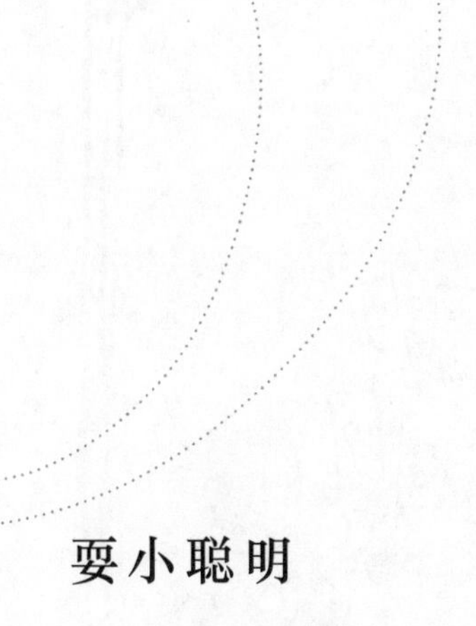

6. 猪八戒新传

耍小聪明

话说唐僧师徒 4 人前往西天取经，一路风餐露宿，很是辛苦。一日，唐僧命悟空察看前面情况，令八戒去采些野果充饥。

没过多久，八戒采来了一大包桃和梨。八戒擦了一把汗，眼珠一转，心想：猴哥总耍弄我，今天我要治治他。于是，他把果子平均分成 3 堆，用衣服盖好，一条治猴妙计产生了。

悟空探路回来，嗅到衣服下发出阵阵果香，刚要伸手去拿，八戒眼睛一瞪说："慢着！果子是我采来的，你没动手采果，也该动动脑才行啊！"

悟空龇牙一笑说："嘿，八戒长能耐了！你来说说我要怎样动脑吧！"

"你好好听着。"八戒清了清嗓子说，"衣服下有 3 堆果子，每堆的果子数都一样。果子分桃和梨两种。第一堆里的梨和第二堆里的桃个数一

奇
1 3 5 7 9
2 4 6 8 10
偶
!

样多，第三堆里的梨占全部梨个数的$\frac{2}{5}$。把这3堆果子合在一起，问桃子占全部果子数的几分之几？答不出来，不能吃果子！”

“你把果子分成3堆，就没打算叫我吃。不过，假如我算对了，你就把果子给我吃，你别吃啦！”悟空说着在地上画了3个圆圈（图6−1），“这3个圆圈代表3堆果子。如果把第一堆的梨和第二堆的桃调换一下，那么第一堆全是桃，第二堆全是梨了。你说对不对？”

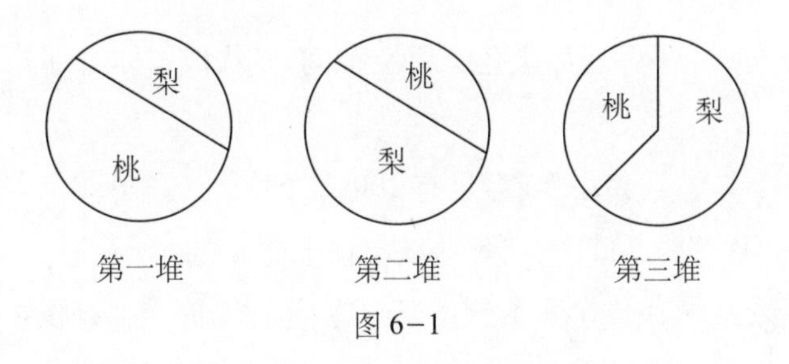

图6−1

沙和尚听明白了，点点头说：“对，对。”

悟空又说：“这时，第二堆的梨是全部果子数的$\frac{1}{3}$，同时又是全部梨个数的$1-\frac{2}{5}=\frac{3}{5}$。这样可先算出梨占果子总数的几分之几了，即$\frac{1}{3}\div\frac{3}{5}=\frac{1}{3}\times\frac{5}{3}=\frac{5}{9}$。梨占$\frac{5}{9}$，桃子必然占了$\frac{4}{9}$。”说完悟空把衣服掀开，3堆共有18个果子，其中8个是桃子。桃子数正好是全部果子数的$\frac{4}{9}$。算得完全正确。

悟空把一堆果子分给师父，一堆分给沙和尚，自己留下一堆。3个人美滋滋地大嚼果子，馋得八戒直流口水。唐僧觉得八戒实在可怜，拿了两个大桃递给了八戒。八戒高兴极了，张开大嘴“吭哧”就是一口。咦，明明是两个大桃，怎么眨眼间变成了两个小梨呢？悟空在一旁捂着嘴笑，八戒狠狠地骂了一句：“死猴头！”

虚张声势

唐僧师徒正往前走，悟空发现前面树林的上空妖雾笼罩。八戒自告奋勇前去探个虚实。

走了没过一会儿，八戒慌慌张张跑了回来，大声叫道："师父，不好啦！前面树林里有一大群妖精，男妖精青面獠牙，女妖精披头散发，吓死人啦！"

唐僧一听，吓得面如土色。悟空忙问："八戒，你看那儿有多少妖精啊？"

"多啦！"八戒说，"我看足有 100 多个！"

悟空眼珠一转，问道："那些妖精在干什么呢？"

"嗯……"八戒摸了一下脑袋说，"围坐成一圈儿，好像在玩什么游戏。只见一个男妖精站起来说：'我看到男的恰好是女的的一半。'又站起一个女妖精说：'我看到男的和女的一样多。'我赶紧跑回来了，后面他们说的什么我没听见。"

悟空嘿嘿一笑，抡起金箍棒朝着八戒的屁股就是一棒。

八戒捂着屁股大叫："哎哟！疼死我啦！你为什么打我？"

"为什么打你？"悟空用金箍棒指着八戒的鼻子问，"你快说实话，到底有多少妖精？"

八戒赶忙回答："有五六十个；不，有二三十个；不，我没看清楚。"

沙和尚在一旁摇摇头说："从 100 多个到二三十个，二师兄说话也太离谱了！"

"哪里有那么多妖精！"悟空说，"总共才 7 个，其中 3 个男妖、4 个女妖。你想，让一个男妖看，他看到的是 2 个男妖和 4 个女妖，男妖恰好是女妖的一半；而让一个女妖看，她看到的是 3 个男妖和 3 个女妖，男妖女妖一样多。"

悟空让八戒去斗 4 个女妖，自己去斗 3 个男妖，沙和尚留下保护师父。八戒不情愿地拖着钉耙朝树林走去，嘴里小声嘀咕说：“倒霉！ 4 个女妖精不好对付，偏偏叫我去！”

抽数谎破

这一日，骄阳似火，孙悟空对师父说：“徒儿去弄点泉水和野果来。”八戒立刻凑了上去说：“徒儿去化点馒头和米粥来。”

唐僧点头答应后，两个徒儿开始分头行动。

八戒来到一片西瓜地，他见左右无人，摇身一变，变成一头小野猪，钻进西瓜地里大吃起西瓜来。忽然，一只老虎猛扑过来，小野猪扭头就跑，老虎紧追不舍。八戒急了就一滚，又恢复了原样。只见他抡起钉耙就打老虎，可定睛一看，哪里还有什么老虎，分明是孙悟空站在面前。

悟空问：“八戒，你偷吃了多少西瓜？”

八戒摇摇头说：“一个没吃，我敢对老天发誓！”

“真的，一个也没吃，这全是真心话。”八戒嘴里嘟哝着。

悟空接过话茬说：“真话谎话我自然会知道的。”说着，从怀中取出 10 片同样大小的竹片，上面分别写着从 1 到 10 十个数字。悟空左右手各拿 5 片竹片，把写着数的一面朝下，对八戒说，“你从我的两只手中各抽一片竹片，记住竹片上写的数，然后再插回来。我翻过来一看，如果我能说出你抽的是哪两片竹片，就说明你说的是真话还是谎话我全知道。”

“有这种事？”八戒半信半疑地从悟空的左右手中各抽出一片竹片，默记住上面的数字后又插了回去。

悟空把两只手的竹片翻过来一看，说：“你抽的竹片，一片上写着

3，一片上写着 8，对不对？”

“嘿！还真对啦！”八戒连抽了几次，每次都被孙悟空说中。八戒服了，承认自己偷吃了 18 个大西瓜。

八戒问：“猴哥，你究竟耍的是什么把戏？”

悟空把左手一举说：“这 5 片上写的都是偶数。”接着他把右手一举说：“而这 5 片呢，写的都是奇数，当你抽走两片竹片的时候，我把左右手的竹片迅速交换一下。在你往回插的时候，肯定把一片写着偶数的竹片插到写着奇数的竹片里，一片写着奇数的竹片插到写着偶数的竹片里。我把竹片翻过来，就一眼看出你插进的那两片竹片了。”

八戒一跺脚说：“咳，我让奇偶数骗了！”

脑门起包

师徒 4 人走得很累，唐僧让大家原地休息。八戒小声对孙悟空说：“猴哥，咱俩玩点什么，好吗？”

孙悟空找来好多小石子，从 1 个一堆、2 个一堆……一直到 9 个一堆，一共摆了 9 堆。

孙悟空说：“咱俩抢 15 吧。”

“抢 15？怎么个抢法？”八戒很感兴趣。

悟空说：“很简单。咱俩一先一后地取石子，每次只能取一堆，谁先取到 15 个小石子就算谁赢。输了要被弹一下脑门儿。”

“好吧，我先拿。”八戒心想，这还不容易，9 加 6 就是 15。八戒伸手就抓走 9 个的那一堆，悟空不敢怠慢，赶紧拿走 6 个的一堆。

八戒心中暗骂，这个猴头真坏，识破了我的计谋！八戒只好又拿了 5 个的一堆，悟空伸手拿走只有 1 个的那一堆。八戒一想：坏了，我手中已有 14 个小石子，1 个的那一堆又被猴头拿走，不管我再拿哪一堆，总数都要超过 15。结果八戒输了，脑门上被重重地弹了一下。八戒连着抢先拿了 3 次，结果都输了，脑门上被弹了 3 次，起了一个不大不小的包。

八戒捂着脑门对悟空说：“你先拿吧，先拿吃亏。”

“可以。”悟空伸手抓起了 5 个的那一堆，八戒抓起 9 个的一堆，悟空抓起 6 个的一堆。八戒心想：我不能拿多的了，不然的话又超过 15 了。他抓起 1 个的一堆。悟空把 4 个的一堆抓到手说：“我抢到 15 啦！认输吧！”

又连玩 3 次，悟空每次都先抓起 5 个的那一堆，每次都赢。

手摸着脑门上越来越大的包，八戒宣布不玩了。

八戒问：“猴哥，你为什么先拿 5 个的那一堆呢？”

悟空笑嘻嘻地对八戒说：“我在太上老君那儿，看到一个九宫图（图 6–2）。不管你是横着加、竖着加还是斜着加，3 个数之和都得 15。5 居中央，有 4 种方法可以得 15，而别的数居中央则只有 3 种方法，所以，我先取个 5。”悟空边说边画起了九宫图。八戒懊丧地“哼”了一下，一拍脑门，不偏不倚正好打在那个包上。

4	9	2
3	5	7
8	1	6

图 6–2

蜜桃方阵

八戒不知从哪儿采来一些大蜜桃，他对悟空说：“猴哥，替我看着点，我再去采一些回来。”八戒刚要离开，心里一琢磨不行，猴头最爱吃桃，如果他趁我不在偷吃几个怎么办？他灵机一动，把采来的蜜桃摆成一个正方形（图 6−3）。

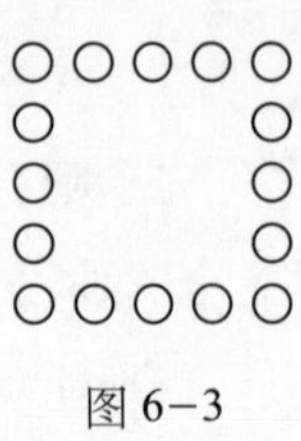

图 6−3

八戒说：“我摆的这个方阵，每边都有 5 个桃子，猴哥，你给我好好看着，少了可不成。”

悟空笑着对八戒摆摆手：“放心吧！保证每边 5 个桃子，绝不会少。”没过一会儿，八戒又采来几串野葡萄，他刚要递给悟空，却瞧着蜜桃方阵愣了起来。

八戒问：“猴哥，这桃子好像少了许多？”

“没有的事！”悟空把眼睛一瞪，“你数一数，每边是不是 5 个！”八戒一数，每边仍然是 5 个桃子（图 6−4）。

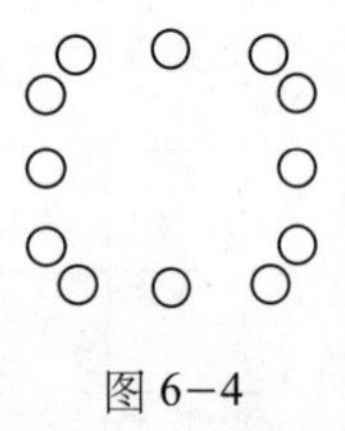

图 6−4

悟空一本正经地说：“我闲来无事，把它们重新摆了摆，个数不少，你快去采果子吧！”说完从八戒手中接过野葡萄。八戒半信半疑，转身走了。

八戒走远了，悟空捂着嘴“呵呵”暗笑：“真是个呆子，原来的摆法有 16 个桃子，我这么一变动就剩下 12 个桃子了。”说着他从衣袋里掏出那 4 个桃子看了看，又从方阵中拿出 3 个桃子，藏了起来。

眨眼间，八戒又背回一口袋野山梨。他简直不敢相信自己的眼睛："怎么桃子就剩下这么几个啦？"

"不少，不少！"悟空指着桃子说，"每边5个，你自己数嘛！"

八戒一数，每边确实是5个桃子（图6–5）。八戒拍着脑袋心想：这是怎么搞的？

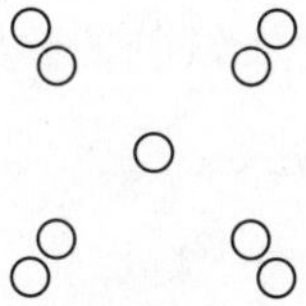

图6–5

路遇哪吒

八戒正往前走，忽然听见背后有人叫他："老猪，好自在啊！"八戒回头一看，是托塔李天王的三太子哪吒。

八戒摇晃着脑袋说："这不是那个三头六臂的妖精吗？"

哪吒听八戒叫他妖精，勃然大怒，大喝一声："变！"随即变作三头六臂，6只手分别拿着6件兵器：斩妖剑、砍妖刀、缚妖索、降妖杵、绣球儿、火轮儿，恶狠狠地朝八戒打来。

八戒不敢怠慢，舞动钉耙迎了上去，两人"叮叮当当"地打了起来。过了一阵子，哪吒见没占到便宜，又喊了一声："换！"6只手里拿着的兵器立刻交换了一下位置。就这样哪吒不断变换着兵器的拿法，可把八戒打晕了。

八戒连连摆手说："不打啦，不打啦，我说你这6只手一共有多少种不同的拿法？"

"720种！"哪吒十分神气。

"吹牛！"八戒把大嘴一撇说，"有个二三十种我还信，720种？你别骗我啦！”

哪吒让5只手依次拿着斩妖剑、砍妖刀、缚妖索、降妖杵、绣球儿，对八戒说：“你看，我5只手拿的兵器固定不变，这时我第6只手只有拿火轮儿这一种拿法。”

八戒点点头说：“嗯，不错，就一种拿法。”

哪吒又让4只手依次拿着斩妖剑、砍妖刀、缚妖索、降妖杵，这时第5、6只手可以轮换拿绣球儿、火轮儿，共有2种拿法。

哪吒再让3只手依次拿着斩妖剑、砍妖刀、缚妖索，而另3只手变换出以下6种拿法：

降妖杵、绣球儿、火轮儿；
降妖杵、火轮儿、绣球儿；
绣球儿、降妖杵、火轮儿；
绣球儿、火轮儿、降妖杵；
火轮儿、绣球儿、降妖杵；
火轮儿、降妖杵、绣球儿。

八戒摸摸脑袋说：“这要是6只手都随便拿可怎么个排法呀？还不排晕喽！”

哪吒笑骂着：“真是个呆子！你观察一下下面的3个数：$1=1$，$2=1\times2$，$6=1\times2\times3$。由此推想：如果固定2只手，而剩下的4只手随意拿，可有$1\times2\times3\times4=24$(种) 拿法。而6只手都随意拿呢？就有$1\times2\times3\times4\times5\times6=720$(种) 不同拿法。”

八戒向哪吒一拱手：“你的变化真多，我服了。”

斗鳄鱼精

一条河挡住了去路，猪八戒自告奋勇到前面探路，他选水浅的地方蹚水过河。突然，八戒的右腿被什么东西碰了一下，他低头一看，顿时吓了一跳：一条巨大的鳄鱼用它那长满利齿的大嘴，把他的右腿咬住了。

“大胆畜生，胆敢咬你猪爷爷，看耙！”八戒抡起九齿钉耙狠命向鳄鱼砸去。鳄鱼见八戒来势凶猛，急忙放开嘴，一头扎进水里。

猪八戒刚想歇口气，突然鳄鱼扬起尾巴向他横扫过来。鳄鱼的尾巴非常有力，它可以打死一头牛，八戒立刻被击昏，鳄鱼把他拖回自己的巢穴。

鳄鱼高兴极了，自言自语地说：“这头笨头笨脑的肥猪，够我吃两天的。”

八戒醒来听鳄鱼说他笨，气不打一处来，大喊道：“我才不笨哪！”

“不笨？我来考考你。”鳄鱼走近八戒说，“你若答对了，我放了你；你若答错了，我一口把你的笨脑袋咬下来。你看怎么样？”

“好，咱们一言为定。”八戒心想，一会儿猴哥准会来救我！

鳄鱼说：“我是长尾鳄鱼精，我的尾巴是头长的 3 倍，身体只有尾巴的一半长。知道我的身体和尾巴加在一起长 13.5 米，你算算，我的头有多长？”

“这个……”八戒心中暗暗叫苦。

鳄鱼问：“你究竟会不会？”

“会，会。”八戒赶忙回答，“我把你分成若干等份，头算 1 份，尾巴是头的 3 倍，尾巴就是 3 份啦！”

鳄鱼问：“我的身体又占几份呢？”

“你的身体是尾巴长的一半，尾巴既然占了 3 份，身体只能占$\frac{3}{2}$份喽。这样一来，你的总长就是 $1+\frac{3}{2}+3=5\frac{1}{2}$(份)。好啦，我老猪给你算出来了。”八戒说完就报了个算式：

鳄鱼头长$=13.5\div(1+\frac{3}{2}+3)=13.5\div\frac{11}{2}=2\frac{5}{11}$(米)。

鳄鱼恶狠狠地瞪着八戒问：“你做得对吗？”

“对，没错！错了你咬下我的脑袋！”八戒刚说到这儿，一只说不出名字的小虫在八戒耳朵上狠狠地咬了一口。八戒刚想喊，只听悟空的声音：“八戒，你算错了，13.5 米只是它的身体和尾巴的长度，不包括头长。应该是$13.5\div(\frac{3}{2}+3)=13.5\times\frac{2}{9}=3$(米)。

鳄鱼说：“什么没错？我头长 3 米，你给我算小啦！我咬下你的猪脑袋吧！”说完张开大嘴就要咬。突然，鳄鱼觉得嘴合不上了，原来悟空把金箍棒支在它的嘴里。八戒趁机抡起钉耙在鳄鱼精身上一通乱砸，直到砸死才停手。

骗饭挨打

八戒听到前面有吹吹打打的声音，精神为之一振。他对唐僧说：“师父，前面有人家办喜事，我去讨点好吃的。”说完也不等师父答应，撒腿就跑。

来到村里，果然有一户人家在办喜事，外面摆了许多方桌，门上贴着大红喜字，人来客往，好不热闹。一名妇女正在洗刷一大摞碗。八戒走了过去，双手合十说：“女施主，弟子乃东土僧人，去西天取经路过此地，请女施主施舍点饭菜。”

洗碗妇女看了八戒一眼说：“我们家主人不知道今天能来多少客人，心里十分不痛快，我不能给呀！”

八戒十分纳闷，问道：“客人是你们主人请的，他自己会不知道？”

“客人是管账先生代请的。管账先生家里有点儿急事走了，临走前他告诉我，2 个人给 1 碗饭，3 个人给 1 碗鸡蛋羹，4 个人给 1 碗肉，一共需要 65 只碗。可是能来多少客人，他却没说。”洗碗妇女一五一十地对八戒讲。

八戒闻到飘来的阵阵肉香、馒头香，馋得实在受不了，他咳嗽了一声说：“女施主，我给你算一算，你给我点吃的吧！”

洗碗妇女听说八戒能算出来多少客人，急忙把主人请来。主人是个五十开外的胖老头儿，他叫人给八戒拿来两个大馒头，八戒也不客气，一转眼吃了进去。

八戒摇摇头说：“两个馒头可不成，再来八个我才算。”主人又叫人拿了八个大馒头，八戒像风卷残云一样都吃了进去，然后一拍肚子说：“今天能来 100 位客人！”

主人一听来 100 位客人，急忙让人察看一下准备的东西够不够。

“慢着！”洗碗妇女拦住了大家说，“我看这个肥头大耳的和尚是来骗饭吃的。如果能来 100 人，按 2 人 1 碗饭来算，就需要 50 只碗，按 4 人 1 碗肉来算，又要 25 只碗，这两项加起来就是 75 只碗。可是管账先生只让我准备了 65 只碗，他算得根本就不对，打这个骗子！”

洗碗妇女一声令下，大家围上来拳打脚踢，打得八戒一个劲儿地叫“哎哟、哎哟”。

“住手！”声到人到，悟空飘然而至。悟空向大家一抱拳说：“我师弟算错了，我来算。只要能算出一位客人占几只碗，问题就解决了。2 人 1 碗饭，每人占$\frac{1}{2}$只碗；3 人 1 碗羹，每人占$\frac{1}{3}$只碗；4 人 1 碗肉，每人占$\frac{1}{4}$只碗，合起来每人占$\frac{1}{2}+\frac{1}{3}+\frac{1}{4}=\frac{13}{12}$(只）碗，请来的客人数是$65\div\frac{13}{12}=60$(人）。

主人非常高兴，送给他们两口袋馒头。

智斗虎精

唐僧指派八戒去化些斋饭来。八戒听说找饭吃，就高高兴兴一溜小跑去了。

老虎精见肥头大耳的八戒哼着小曲走来，心中大喜：好一头肥猪，待我把他捉到手，美餐一顿！可转念一想，听说八戒有点本事，我来试一试。他摇身一变，变成一个瘦老头儿，左手拿件外衣，右手拿 2 两银子，蹲在路边哭泣。

八戒见一瘦老头儿在路边哭泣，忙问究竟。老头儿哭诉道："我给虎大王做饭，说好一年给我的工钱是 10 两银子和 1 件外衣。我干了 7 个月，虎大王说我不给他炖猪肉吃，不让我干了，给了我 2 两银子 1 件外衣。我穿这么好的外衣有什么用？你给我算算这件外衣值多少钱，我好把它卖了，买只肥猪回去给虎大王炖肉吃。"

八戒一听"炖猪肉"，不禁猪毛倒立，脖子后面凉飕飕的。他心想，我少管些闲事，化些斋饭充饥要紧。八戒忙说："我不会算，请您另请高明。"谁知老头儿一把拉着八戒不放，说道："我在这儿等了半天了，才遇到了你。你一定要给我算出来！"老头儿手劲挺大，八戒还真的动不了。

"倒霉！"八戒没办法只好硬着头皮给他算，"虎大王一年应给你 10 两银子，你干了 7 个月才给你 2 两银子，显然少给你不少银子。至于说少给你多少嘛……有五六两吧。"

瘦老头"嘿嘿"一阵冷笑："你猪八戒原来是个笨家伙，我吃了你吧！"瘦老头用手一抹脸，"嗷"的一声，变成一只斑斓猛虎向八戒扑来。

"好家伙！"八戒急往旁边一闪，躲了过去。他抡起九齿钉耙和老虎精打在了一起，两人你来我往打了足有一顿饭的工夫。八戒大喊：

“先停一停，如果你能算出来这件外衣值多少两银子，我情愿让你炖着吃了。”

老虎精非常高兴，他笑哈哈地说：“这个容易。$(10\times\frac{7}{12})$ 为应给的银子两数，结果只给了 2 两，少给了 $(10\times\frac{7}{12}-2)$ 两银子，而外衣则多给了$\frac{5}{12}$件，照这样计算，外衣要卖 $(10\times\frac{7}{12}-2)\div\frac{5}{12}=9.2$(两) 银子才能与原来的工钱相等。你拿命来吧！”老虎精说着又要动武。

八戒手一指大声叫道：“好啊！我大师兄孙悟空来啦！”老虎精一回头，八戒抡起钉耙猛一耙，在老虎精头上砸出 9 个洞。悟空闻声赶到，见老虎精已死，拍拍八戒说：“不错，师弟聪明多啦！”

八戒被劫

八戒路过一个大果园，见无人看管就溜了进去。园里种有许多桃树，树上结满了沉甸甸的大桃子。八戒可高兴了，脱下外衣铺在地上，专挑大的桃子摘，包了一大包，背起来就走。

“站住！”突然有人喊了一声，吓了八戒一大跳。他四下寻找，发现是当地的土地神。土地神指着八戒喊道：“大胆的猪八戒，竟敢白日做贼，还不快快把赃物放下！”

八戒赔着笑脸说：“我说土地神，我们师徒 4 人有两日没吃东西了，摘几个桃子孝敬师父，请高抬贵手让我过去吧！”

“不成，桃子不能拿走！”土地神把头一歪，丝毫不让步。

八戒眼珠一转，一本正经地说：“这样吧！这包桃子分给你一部分，然后你让我过去。你要知道我师兄孙悟空可不是好惹的！”

一听见“孙悟空”三个字，土地神全身一震。他改口说：“这样吧，咱们是‘见一面分一半’。”说完土地神就把包袱打开，你一个我一个分了起来，最后正好分成相等的两份。土地神说：“咱俩分得一样多可不成，我要从你那堆里拿走一个。”说完飞快地从八戒堆里拿来一个放到自己的堆里，然后摆摆手放八戒过去。

八戒背起包袱心里暗骂：可恶的土地神，贪得无厌，一人半还嫌少！八戒背着包没走几步又被山神拦住了。山神把包袱中的桃子分成相等的两份，最后又从八戒那份中挑了一个大桃放到自己的堆里。接着八戒又被风神、火神、龙王用同样办法要走了桃子。已经看到师父了，八戒一摸包里，只剩下一个桃子啦！怎么办？他一跺脚说：“剩一个桃子怎么向师父交代，干脆我把它吃了吧！”

八戒张开大嘴刚要咬桃子，只听有人喊道：“慢咬！”他一愣，心想又来什么神仙了？定睛一看，是孙悟空站在他身边。八戒赶紧解释说：“我原来摘了一大包桃子，路遇 5 位神仙，大部分桃子都给他们要走啦！”八戒把前后经过说了一遍，悟空两眼一瞪说：“可恶的神仙，他们各要了多少？我去找他们算账！”八戒摇摇头说：“原来有多少，他们每人拿多少，我都不知道，反正最后只剩了 1 个。”

悟空说：“用反推法来算：龙王、火神、风神、山神、土地神依次拿了 3 个、6 个、12 个、24 个、48 个。我饶不了他们！”

说完纵身飞去。